天地一体化信息网络丛书

Space-ground

Integrated

Information

Network

天地一体化
信息网络应用服务概论

■ 郑作亚 梅强 等 编著

U0300377

人民邮电出版社

北京

图书在版编目（CIP）数据

天地一体化信息网络应用服务概论 / 郑作亚等编著
. — 北京 ： 人民邮电出版社，2022.5
（天地一体化信息网络丛书）
ISBN 978-7-115-57603-3

Ⅰ．①天… Ⅱ．①郑… Ⅲ．①通信网—研究 Ⅳ.
①TN915

中国版本图书馆CIP数据核字(2021)第201317号

内 容 提 要

  天地一体化信息网络是由天基信息网络、空基信息网络与地面信息网络等组成的一体化空间信息网络，贯穿海洋远边疆、太空高边疆、网络新边疆。天地一体化信息网络应用服务系统是基于天地一体化信息网络，开展数据承载、汇聚、管理、处理和时空信息服务的系统，推动各行各业数字化、网络化、智能化发展的具体落地应用。本书首先介绍天基信息服务的概念、发展历程以及发展趋势，并简要介绍天地一体化信息网络应用服务系统与天地一体化信息网络的关系，详细介绍应用服务系统的任务、能力要求、设计方法、体系架构与系统组成、天地一体化信息网络的服务类型、应用服务系统应用终端、地面信息港、应用服务模式、数据管理，以及应用服务系统可开展的典型应用。每个层面对相关概念、关键技术都进行了深入介绍，最后对未来技术演进、应用生态进行了展望。

  本书适合卫星通信、地面移动通信以及开展导航、遥感、地理信息等时空信息服务应用的交通、农业、应急、航空、海洋、信息普惠等领域的从业人员，相关专业的高等院校师生，以及需要了解信息产业等相关领域的读者阅读。

◆ 编　　著　郑作亚　梅　强　等
  责任编辑　李彩珊
  责任印制　马振武

◆ 人民邮电出版社出版发行　　北京市丰台区成寿寺路 11 号
  邮编　100164　　电子邮件　315@ptpress.com.cn
  网址　https://www.ptpress.com.cn
  涿州市京南印刷厂印刷

◆ 开本：710×1000　1/16
  印张：18.5　　　　　　　　2022 年 5 月第 1 版
  字数：342 千字　　　　　　2022 年 5 月河北第 1 次印刷

定价：179.80 元
读者服务热线：(010)81055493　印装质量热线：(010)81055316
反盗版热线：(010)81055315
广告经营许可证：京东市监广登字 20170147 号

前　言

　　近年来，建设卫星互联空间信息网络，提供覆盖全球、互联互通、实时精准、通导遥融合的信息服务已成为各国竞相发展的重要方向，世界各航天大国纷纷制定发展战略并投入巨资，如 SpaceX 星链计划、OneWeb 等。伴随着卫星互联空间信息网络的建设和发展，卫星应用已经广泛地渗入人类生产和生活的各个领域，发挥出传统方式无法达到或难以实现的作用，有力促进了生产力的发展。卫星应用已经成为国家治理体系和治理能力现代化、生态环境保护、提升防灾减灾能力、提供普惠信息服务以及培育新兴产业不可或缺的手段。

　　天地一体化信息网络贯穿海洋远边疆、太空高边疆、网络新边疆，是国家新一代战略性信息基础设施，对维护国家利益、保障国家安全、服务国计民生、促进经济发展，具有重大意义。天地一体化信息网络为卫星通信、导航、遥感等各类时空数据资源的传输搭建信息高速公路。2020 年 3 月，《中共中央　国务院关于构建更加完善的要素市场化配置体制机制的意见》正式公布，从国家层面将数据正式纳入生产要素范围，强调要加快培育数据要素市场。随着天地一体化信息网络建设的推进与发展，将天地一体化信息网络作为信息高速公路，应用服务是最大限度发挥天地互联、全球覆盖的天地一体化信息网络效能，最大限度发挥数据、网络、信息应用服务价值，将数据、信息、产品与用户需求有效衔接的关键。

　　天地一体化信息网络应用服务包括网络应用和信息应用两大类。天地一体化信息网络应用服务将紧紧围绕"通信、数据、服务、用户"四大核心要素，以应用服务需求为牵引，以共用基础设施为依托，统筹各类通信、数据、计算、服务等天地协同资源，按照天基信息"需求统一筹划、资源统一调度、信息统一服务"的原则，力争为各类用户提供在线、多元、透明、一站式服务。随着我国空间信息网络服务需求的不断增加，建设通信、导航、遥感等全面融合的天地一体化信息网络，并与地面互联网、移动通信网实现互联互通和互操作，提高卫星互联网络和空间数据的利用效率，将会引发前所未有的信息革命，大大提升我国信息服务支撑国家战略、国计民生和经济社会发展的能力。

本书共分为 10 章，其中第 1 章由田原、郑作亚编写，第 2 章由李黔湘编写，第 3 章由梅强、肖飞编写，第 4 章由梅强编写，第 5 章由董行健编写，第 6 章由潘一凡、李黔湘编写，第 7 章由郑作亚、赵淑丽编写，第 8 章由仇林遥、刘信乐编写，第 9 章由梅强、彭雄宏、李彦骁编写，第 10 章由柳罡、梅强、李黔湘编写。全书由郑作亚、梅强统稿。

我们在编写本书的过程中，得到了吴曼青、周彬、汪春霆等专家的悉心指导，以及于博文、王钰迪、吴彦峰、鲁续坤、黄宇、李玉辉等的大力支持，在此表示衷心的感谢！

同时，为了写作本书，我们也参考了国内外很多著作和文献，在此对这些参考文献的作者表示感谢！

由于我们水平有限，书中难免存在疏漏和错误，敬请读者批评指正，不吝赐教。

作 者

2021 年 8 月

目　录

本章介绍了信息系统、应用服务的概念内涵，介绍了天基信息系统和天基信息服务，进而引出了天地一体化信息网络的应用服务；总结分析了天基应用服务的 4 个主要发展历程和国内外的发展现状以及目前常见的主要应用系统；最后，对天地一体天基应用服务的发展趋势进行分析与研判。

随着计算机技术、网络技术和空间技术等新一代信息技术的快速发展，未来的信息技术越来越呈现"网络极大化、节点极小化"的特征，无所不在的网络将人、机、物、环境甚至人的意识都连接在一起，虚拟空间和实体空间将统一于信息。随着科学技术的不断发展，作为网络节点的各类客观存在将呈现越来越小的发展趋势，微系统将成为功能实现的基本单元。

从宏观来看，未来信息技术及应用服务将呈现：
- "网罗一切"——人、物与服务一网互联；
- "时空压缩"——实体与网络空间沟通迅速；
- "虚实融合"——实体定义被联系与关系扩充；
- "协同共享"——信息服务的互通共享；
- "高度智能"——人与机器与社会同在回路的群体体系智能。

人类对空间的不断探索、利用和控制等各类活动，其核心即对空间的综合利用。随着空间各类卫星数量增加、种类丰富和能力的增强，空间系统逐步发展完善，形成通信、导航、遥感等功能完善、天地一体的空间信息系统，可获取环境探测、气象监测、地理测绘等信息。作为一种新型而功能强大的信息系统，在信息技术的宏观发展趋势下，如何结合信息技术的发展特点，针对天基信息网络及系统的构成、功能和特性，探索实现信息同步与共享的技术途径，研究实现网络化、智能化、时空泛在、协同随行的应用服务，充分发挥天地一体化信息网络的信息优势和服务优势，是当前亟须解决的问题。

| 1.1 概念内涵 |

1.1.1 信息系统与应用服务

信息系统是由计算机硬件、网络和通信设备、计算机软件、信息资源、信息用户和规章制度等组成的,以处理信息流为目的的人机一体化系统。其主要具备5个基本功能,即对信息的输入、存储、处理、输出和控制。

- 输入功能:取决于系统所要达到的目的及系统的能力和信息环境的许可。
- 存储功能:系统存储各种信息资料和数据的能力。
- 处理功能:基于数据仓库技术的分析处理和数据挖掘等。
- 输出功能:信息系统的各项功能为了保证最终输出信息产品的最优。
- 控制功能:对构成系统的各种信息处理设备进行控制和管理,对整个信息加工、处理、传输、输出等环节通过各种程序进行控制。

从信息系统的发展和特点来看,可分为简单的数据处理信息系统、孤立的业务管理系统、集成的智能信息系统等。由传感技术、计算机技术和通信技术综合形成信息技术体系,为用户提供信息传递过程中的信息产生、收集、交换、存储、传输、显示、识别、提取、控制、加工和利用等能力。信息应用服务即研究如何获取信息、处理信息、传输信息和使用信息等。信息应用技术是针对各种实用目的(如信息管理、信息控制)的信息决策而发展起来的具体技术,如企业生产自动化、办公自动化、家庭自动化、人工智能和互联网技术等。信息技术在社会的各个领域得到广泛的应用,显示出强大的生命力。当前主流信息应用技术主要应用在5个领域:(1)电子政务(EA);(2)电子商务(EB);(3)地理信息系统(GIS);(4)教育信息应用技术;(5)工程信息应用技术。每个领域中都包含了若干类信息应用技术。

1.1.2 天基信息系统与天基信息服务

与陆基、海基、空基信息相比,天基信息具有不受国界和地理条件限制、覆盖范围广,可全天时、全天候、全空域提供,获取的信息时效性好等优点。天基信息系统主要包括天基信息获取系统、天基信息传输系统、天基信息时空基准系统和天基信息管理及应用服务系统。其中，天基信息获取系统由以卫星为主的航天器、地面站和相关设备组成，是用于从外层空间发现、识别和监视地表、空中及外层空间目标，获取目标和环境信息的系统；天基信息传输系统是以卫星为主的航天器作为中继、交换站，将信源信息传递到信宿的系统；天基信息时空基准系统是以航天器为平台，能为陆地、海洋、空中、外层空间用户提供时间和空间基准的系统；而天基信息管理及应用服务系统则是综合各类用户需求，对各类天基信息和海陆空基信息进行集成，实现快速分发和信息共享，并进行天基资源综合应用系统内部的系统监控、网络管理和信息安全管理的系统，具备通信与数据中继服务、时空基准服务、陆地/海洋/电子成像观测、环境探测信息服务等能力。

作为天地一体的信息系统，天基信息系统结构复杂，具有鲜明的分布特性，体现在资源地理空间分布、有效作战时间分布、资源管理部门分布和应用对象分布；同时，资源多样、异构，包括遥感探测资源、计算资源、存储资源、链路资源、时空基准资源等，具有不同的功能和作用、技术特点和处理方式；用户需求不同、资源类型不同、管理体制不同等因素也导致了资源服务模式和内容的多样性，不同类型的资源以不同的服务模式和产品形式提供给用户。

天基信息系统所拥有的各类功能都可以作为服务提供给用户，服务的形式和内容是多样的，不仅仅提供观测信息，同时提供接收、处理和分发等服务。天基信息服务是以天基信息系统作为服务提供者，使用户能够获取和使用天基信息系统所提供的信息获取、接收、处理、查询、传递、存储、检索、分发等活动的统称。天基信息服务体系采用面向服务的结构和关键技术，将天基信息系统、指挥控制系统的各类能力以服务的形式封装，各类服务之间相互关联、相互制约，形成一个松散耦合的开放式结构，目的是整合天基信息系统资源，实现天基信息服务共享与协同。

1.1.3　天地一体化信息网络应用服务

作为空间信息基础设施的重要组成部分，天地一体化信息网络将为各类时空数据资源的传输搭建信息高速公路，与地面网络相比，天基网络具有覆盖面广、安全性高、移动性强、便捷性高和抗毁性强等优点。对于天地一体化信息网络，其应用服务包括网络应用服务和信息应用服务两大类。

网络应用服务方面，按照"天基组网、地网跨代、天地互联"的思路，通过天基骨干网、天基接入网和地基节点网的三层架构实现天地互联互通，统筹通信、导航、遥感等多源时空信息资源，为天地一体时空数据的综合应用服务提供网络链路支撑。天地一体化信息网络的建设使得空间信息的高速、快捷、安全地传输成为可能，星间、星地链路为空间信息的实时获取与资源回传提供了多样化的传输路径，大大增强了空间信息数据利用的便利性和时效性。

信息应用服务方面，天地一体化信息网络的建设更有利于打通各类信息系统"孤岛"，空间链路的畅通进一步促进了空间信息获取、管理、分析、分发和应用的发展，为各类用户提供"全球覆盖、随遇接入、按需服务、安全可信"的信息服务，更好地实现天地时空数据资源的有效统筹利用。为充分发挥天地一体化信息网络的应用服务效能，要求信息技术体系适应"高低轨组网联动、广覆盖、大通量、高并发、多链路"的网络特点，面向天地互联、多港分布、网络化的应用模式构建新型顶层服务架构并实现时空多维信息全过程追踪回溯、多源多模式海量数据智能化快速融合处理、多端按需智能分发服务能力，提供定位精确、覆盖范围广、时效性高的空间信息服务数据产品。

基于天地一体化信息网络基础设施，催生空间数据应用服务的新体系、新模式和新技术，构建通导遥多源异构时空信息资源、多用户端互联互通的一体化综合天基信息系统，实现"盲区分发、天地协同、多源融合、安全可溯、应急响应、精准服务"的网络信息获取、接收、处理、查询、传递、存储、检索、分发服务需求，提高卫星互联网络和空间数据的利用效率，为国计民生、社会进步与行业发展提供信息化支撑，是天地一体化信息网络应用服务的研究范畴。

| 1.2 发展历程 |

我国航天事业发展 60 多年来，经过航天科技工作者的艰苦努力和顽强拼搏，中国航天事业不断发展壮大，逐步由航天大国迈向航天强国。据不完全统计，截至 2019 年 6 月，我国在轨运行航天器达到 300 余颗，其中应用卫星超过 200 颗，形成了气象卫星系列、资源卫星系列、海洋卫星系列、高分卫星系列、导航卫星星座、通信卫星系列，基本构成我国重要的空间信息基础设施。商业航天呈迅速发展之势，与国家公益类卫星共同构成了应用卫星体系，为我国卫星应用的发展奠定了基础。

卫星应用已经广泛地渗入人类生产和生活的各个领域，发挥出传统方式无法达到或难以实现的作用，从根本上改变了人们的思维方式、生产方式和生活方式，促进了生产力的发展，使整个社会和人类自身的面貌发生了深刻的变化。卫星应用能力已经成为国家治理体系和治理能力现代化、生态环境保护、提升防灾减灾能力、提供普惠信息服务以及培育新兴产业不可或缺的手段。下面主要分为 4 个阶段介绍我国天基应用服务发展历程。

1. 20 世纪 50 年代至 80 年代，美国和苏联引领卫星系统应用技术发展，我国卫星发展处于技术准备与试验阶段，天基应用服务研究主要依赖国外系统

1960 年 4 月 1 日，美国在其东海岸把世界上第一颗遥感卫星——"泰罗斯 1 号"气象卫星成功送入轨道，揭开了当代科学技术进行天基卫星应用的序幕；1968 年 12 月 21 日，美国"阿波罗 8 号"宇宙飞行器发送回了第一幅地球影像，标志着人类开始进入以全新视角重新认识地球的新时代。随之，20 世纪 70 年代中期，美国提出了 GPS（全球定位系统）的概念，并且逐步付诸建设实施，与 GPS 同期建设的，还有苏联的 GLONASS 系统，也是全球服务的定位导航系统；美国国家航天局（NASA）自 1972 年起启动了陆地观测卫星系统 Landsat 计划，进行遥感对地观测应用；"铱星系统计划"始于 1987 年，拟建设包含 77 颗卫星、网络覆盖全球的大型低轨卫星通信系统。

我国航天产业研究和建设起步较晚，于 20 世纪 50 年代末期开展技术准备及试验，遥感应用与导航应用初期，主要利用国外卫星数据进行试验研究。同时，我国越来越重视空间活动和卫星应用建设，从政策上给予了充分保障：1989 年 8 月，时任国务院总理李鹏同志在听取首届应用卫星与卫星应用研讨会代表汇报时指出，要"使得卫星的发展和卫星的研制水平继续提高，更重要的是在卫星的应用方面能够更大普及"。

2. 20 世纪 80 年代至 21 世纪以来，我国国产化卫星应用系统快速发展建设

1984 年，我国首颗国产化通信卫星——东方红二号试验通信卫星的发射，标志着我国自主卫星应用建设的开启，随后国产化卫星应用系统进入快速发展轨道。

（1）卫星遥感应用进展

截至 2000 年前后，我国尚处于遥感卫星发展初期。1988 年到 2002 年间，相继发射 4 颗风云一号系列极轨气象卫星及 2 颗风云二号静止轨道气象卫星；1999 年及 2003 年，分别发射中巴地球资源卫星 01/02 星；2002 年发射海洋一号海洋水色卫星，初步具备了气象、陆地、海洋对地观测能力。

自 2006 年遥感卫星 1 号发射起，短短 8 年内我国发射 33 颗遥感系列卫星，基本形成了光学成像、雷达成像、电子侦察结合的综合成像侦察卫星系列；同时，2008 年至 2012 年间发射环境一号、资源一号 02C、资源三号卫星，支撑对地观测能力建设。

近 10 年来，我国遥感卫星系统快速发展，2016 年资源三号 02 星发射，与资源三号 01 星组成测绘卫星星座；于 2010 起实施高分辨率对地观测重大专项，自 2013 年起相继发射高分一号、高分二号、高分四号、高分八号、高分九号、高分三号、高分五号、高分六号、高分七号卫星，形成了高空间分辨率、高光谱分辨率和高时间分辨率的对地观测数据的自主获取能力，建成覆盖全国的卫星遥感数据接收体系和完善的应用系统，构成了比较完善的对地观测体系，形成了全球连续观测能力。另外，发射海洋二号海洋动力环境卫星、我国第二代极轨气象卫星风云三号星座及静止轨道气象卫星风云四号，提升了海洋监测及气象环境观测能力。

随着自主遥感卫星的不断发射，我国已形成了遥感卫星系列、资源卫星系列、高分卫星系列、气象卫星系列、海洋卫星系列以及环境与灾害监测卫星星座。我国遥感卫星从无到有、从单一类型到多种类型、从单颗卫星发展到星座化，提供的遥感数据覆盖全国国土。在国产卫星数据的支持下开展了国土资源调查、气象预报和海洋资源调查与监测的应用研究。遥感应用已经从试验应用转向了业务化运行，已成为政府、企业迅速获取数据、制定政策和规划的技术支撑，并在构筑智慧城市、大数据融合、虚拟现实等方面发挥重要作用。

（2）卫星导航应用进展

20 世纪后期，我国开始探索适合国情的卫星导航系统发展道路，实施了三步走发展战略：2000 年年底，建成了北斗一号系统，向我国提供服务；2012 年年底，建成了北斗二号系统，向亚太地区提供服务；2018 年年底，建成了北斗三号全球系统基本系统，向全球提供卫星定位导航服务，全球位置精度可达 10m，高程 10m，测速精度达 0.2m/s，授时精度为 20ns，系统可靠性超过 95%；2020 年 6 月，成功发射北斗系统第五十五颗导航卫星暨北斗三号最后一颗全球组网卫星，并顺利完成有效载荷开通，成功完成北斗三号全球卫星导航系统星座部署。2020 年 7 月 31 日，习近平总书记宣布北斗三号全球卫星导航系统正式开通。该系统开始为全球用户提供全天候、全天时、高精度的定位、导航和授时服务。我国成为第三个建成全球卫星导航系统的国家。

随着北斗全球系统的投入运行，北斗应用也不断发展，形成由北斗基础产品、应用终端、应用系统和运营服务构成的产业链。北斗系统已广泛应用于交通运输、公共安全、农林渔业、水文监测、气象预报、通信系统、电力调度、救灾减灾等领域，融入了国家基础设施，带来了显著的经济效益和社会效益。同时，北斗系统与大数据、人工智能、云计算、物联网以及 5G 等技术的融合，也在不断开拓新的应用领域。

（3）卫星通信应用进展

通信卫星是航天技术和现代通信技术的重要结合，是卫星应用产业的主力军和空间基础设施的重要组成部分，在推动国家广播事业、远程教育和医疗、宽带中国、应急通信等方面具有不可替代的作用。我国相继发展了基于东方红二号、三号、四号、五号平台的通信广播卫星，并形成了基于"东方红"系列平台型谱的"中星"通信卫星和"天链"中继卫星系列；发射了中星九号直播卫星、天通一号静止轨道移动通信卫星和中星 16 号高通量通信卫星；2018 年 12 月 22 日、29 日，中国航天科工集团有限公司规划的"虹云"和中国航天科技集团有限公司规划的"鸿雁"两大低轨宽带通信卫星星座分别首发了验证星。2019 年 6 月 5 日，中国电子科技集团有限公司主导的"天象 01/02 星"成功进入预定轨道，开启了我国自主的全球移动通信卫星系统建设的序幕。

我国的通信卫星逐步从试验走向应用，从国内走向国际。卫星通信已经实现了商业化运行，广泛应用于抢险救灾应急通信，油气、采矿、电力、林业等行业临时通信，音/视频直播转播，船舶、飞机、偏远地区等无光缆传输、无基站覆盖情况下提供 4G、高清语音、家庭宽带等全业务服务。

3. 我国卫星应用向星座化、系列化卫星综合协调服务发展，未来将形成通导遥融合化的通用应用服务系统

2015 年 10 月，国家发改委、财政部、国防科工局联合发布《国家民用空间基础设施中长期发展规划（2015—2025 年）》，指出通过跨系列、跨星座卫星和数据资源组合应用、多中心协调服务的方式，提供多类型、高质量、稳定可靠、规模化的空间信息综合服务能力，支撑各行业的综合应用。近年来，美国、欧洲等国家和地区相继发展通导遥融合化应用服务的空间网络。2006 年开始，NASA 整合近地网、空间网、深空网，启动空间通信与导航网络（SCaN）计划，发展一体化、综合化空间网络。

就通导遥融合化信息服务系统建设，李德仁等提出了建设集定位、导航、授时、遥感、通信（Positioning，Navigation，Timing，Remote sensing，Communication，PNTRC）一体的天基信息实时服务系统的构想，集成卫星遥感、导航与通信，通过多载荷集成、多星协同、天地网络互联，最终将数据和信息按需传送给应用终端，支持用户在任何地方、任何时刻的信息获取、高精度定位授时与多媒体通信服务。

目前，我国已在"亦庄全图通一号"卫星、"珞珈一号"卫星、鸿雁低轨移动通信及宽带互联网星座中开展通导遥融合化技术验证与应用服务探索。通导遥融合化信息实时服务系统结构示意图如图 1-1 所示。

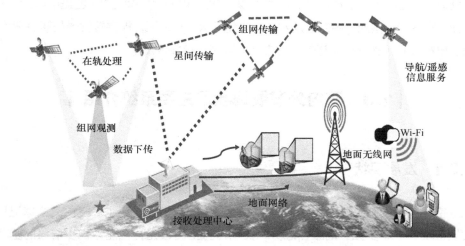

图 1-1　通导遥融合化信息实时服务系统结构示意图

4．21 世纪以来，我国卫星应用加强国际合作，应用服务能力向全球延伸

在我国卫星应用系统建设过程中，卫星应用系统按照"边建设边应用边合作"的思路，逐步加强国际的合作与交流。地球观测组织（Group on Earth Observations，GEO）成立于 2005 年，是国际上地球观测领域最大、最权威的政府间合作国际组织，以协调、全面、持续的地球观测，为决策和行动提供信息支持。我国作为 GEO 创始国之一，从其成立以来一直是 GEO 执行委员会的成员国和联合主席国，2020 年由我国担任 GEO 轮值主席。2007 年我国签署《空间与重大灾害国际宪章》，国产对地观测卫星在全球观测、资源调查、环境监测等国际减灾合作机制中发挥了重要作用。2014 年 4 月，中国航天科技集团有限公司与军委装备发展部就卫星地面应用系统出口项目达成合作共识，并签署出口地面段合作协议，先后开展与委内瑞拉、玻利维亚、巴基斯坦、白俄罗斯、埃及、阿尔及利亚等多个国家的遥感和通信卫星地面应用系统项目研制，完成各类地面站及应用系统的海外建设、运行维护及数据分发。2016 年 10 月，国防科工局、国家发改委出台《关于加快推进"一带一路"空间信息走廊建设与应用的指导意见》，明确提出建设设施齐全、服务高效的"一带一路"空间信息走廊,为我国空间信息产业在走廊区的市场化和国际化奠定基础,惠及"一带一路"沿线国家和地区经济社会发展。北斗系统作为全球卫星导航系统的核心系统之一,积极参与卫星导航国际事务,与多个国家合作建立北斗中心。中国卫通运营管理着 16 颗在轨民用通信广播卫星,覆盖中国、澳大利亚、东南亚、南亚、中东以及欧洲、非洲等国家和地区,提供转发器长期/短期租用、电视节目传输、应急通信、宽带互联网接入等服务。

|1.3 国内外发展现状及主要系统介绍|

1.3.1 发展现状

空间基础设施主要以通信、遥感和导航 3 类应用卫星为主。目前,全球卫星发展呈现"一超多强"的整体态势,美国保持全面领先,在能力稳步增强的基础上谋求转型发展。中国、欧洲、俄罗斯紧随其后,正积极完善卫星体系。《小火箭:全球在轨卫星报告 2019 版》显示,截至 2019 年年中,全球在轨运行卫星已达 2063 颗(其中,美国 906 颗,中国 301 颗,俄罗斯 153 颗,日本 80 颗,英国 61 颗,印度 60 颗,加拿大 37 颗),仅从在轨活跃卫星的保有数量来看,世界上跨入航天门槛的 60 多个国家和国际组织中,可分为 4 个梯队,国家和国际组织在轨卫星数量见表 1-1。

表 1-1 国家和国际组织在轨卫星数量(截至 2019 年年中)

梯队	在轨卫星保有量	国家/地区
第一梯队	>100 颗	美国、中国、俄罗斯
第二梯队	50～100 颗	日本、英国、印度、欧洲航天局成员
第三梯队	10～50 颗	加拿大、德国、卢森堡、法国、西班牙、韩国、阿根廷、沙特、澳大利亚、以色列、荷兰、巴西、意大利
第四梯队	1～10 颗	印度尼西亚、土耳其、阿联酋等 49 个国家

注:4 个梯队以卫星数量划分,非技术领域。从技术角度来说,加拿大、法国、德国和瑞典均属第一梯队或准第一梯队国家,其在空间机器人、固体火箭发动机、气动计算和卫星地面站及其测控网络方面的技术处于全球先进行列。

各国都非常重视卫星应用大众服务的发展。2010 年美国颁布的《美国国家航天政策》中指出"将充分利用空间系统及这些系统产生的信息及应用""承诺鼓励并推动美国商业空间部门的发展"，催生了全新的卫星应用和颠覆式商业运营模式。2014 年，以行星实验室（Planet Lab）公司和天空盒子成像（Skybox Imaging）公司为引领的美国新兴商业卫星数据应用公司百花齐放，"天基数据+Web/App"模式加速了卫星应用与信息技术融合，卫星应用从专业市场向行业和大众市场延伸。同时美国商务部还批准放宽了商业遥感数据的分辨率限制，提升卫星遥感应用公司的全球竞争力。目前美国商业卫星图像分辨率销售限制已经放宽至 0.25m。英国政府近年发布了包括《航天创新与发展战略（IGS）行动计划（2014—2030 年）》在内的多项空间政策，将太空经济纳入国家战略视野。2014 年，俄罗斯政府出台了《2030 年前使用航天成果服务俄联邦经济现代化及其区域发展的国家政策总则》，旨在推动以卫星应用为主的航天技术转化，使航天成果走入市场，惠及于民。2014 年日本防卫省对《航天开发利用基本方针》进行了修订，提出强化利用卫星提升信息收集能力以及情报通信能力。

我国政府也十分重视卫星应用的产业化发展，出台了包括《关于促进卫星应用产业发展的若干意见》《关于组织实施卫星及应用产业发展专项的通知》等一系列相关政策和指导意见，对卫星及其应用产业的发展设立专项予以重点支持。2015 年出台的《国家民用空间基础设施中长期发展规划（2015—2025 年）》中指出，要积极推进空间信息的重大应用，包括空间信息在资源、环境、应急、城镇化、公共服务和大众消费等领域的应用。2006—2020 年的 15 年间我国启动了高分辨率对地观测系统、第二代卫星导航定位系统和载人航天与探月工程 3 个国家科技重大专项。

当前，我国现有的通信、导航、遥感卫星系统各成体系。在卫星移动通信方面，主要用于语音、窄带通信，总体规模不大，主要用户分布在应急行业、野外作业等方面，应用成本较高，大众化应用不广泛。在卫星导航方面，行业应用处于规模化应用发展期，目前占据最大份额。大众化应用处于标配化应用启动期，市场前景看好，潜力巨大。在卫星遥感方面，规模化应用主要集中在国土、规划、林业、农业、电力、水利、石油化工等专业领域，以提供基础数据的应用方式为主，产值低于导航和通信应用，大众化应用模式尚在探索阶段。

因此，立足于国内外空间科学、空间技术和空间应用的发展现状，从当前国家需求和国际高科技发展形势来看，发展和完善我国空间技术的应用服务能力是促进我国从航天大国迈向航天强国的重要举措。

1.3.2 通信卫星应用服务系统

1.3.2.1 国外典型系统

典型地球同步轨道卫星移动通信系统有国际海事卫星系统（Inmarsat）、舒拉亚卫星通信系统（Thuraya）、劳拉空间系统公司卫星系统（TerreStar）、光平方公司卫星系统（SkyTerra）等。已经发展到第五代的国际海事卫星系统（Inmarsat）采用 Ka 频段，实现了从移动通信向大容量、高带宽方向的发展，对于 60cm 口径地面终端可提供 50Mbit/s 接收、5Mbit/s 发送速率。美国卫讯公司的 ViaSat 是典型的宽带卫星通信系统，其 ViaSat-1 通信容量达 140Gbit/s，ViaSat-2 通信容量达 300Gbit/s。

美国在轨卫星数量、技术水平和应用能力方面处于领先地位，建立了由宽带、窄带、抗强干扰、中继和商业卫星构成的通信卫星体系。卫星技术指标见表 1-2。

表 1-2 卫星技术指标

类型	宽带	窄带	抗强干扰	商业	中继
代表卫星	WGS	MUOS	AEHF	Iridium、ViaSat 等	SDS、TDRSS
主要技术指标	X 和 Ka 频段，19 个波束，单星通信容量提升 10 倍，战场信息广播、无人机数据回传	UHF 频段，16 个波束，动中通，单星 4189 路同时接入，通信容量 40Mbit/s，支持手持终端	EHF、SHF 频段，37 个波束，增加可变速率载荷，加强点波束覆盖能力，单星通信容量提升 10 倍	覆盖 VHF、L、S、C、Ku、Ka 等全频段。ViaSat-1 Ka 频段宽带卫星，多点波束和频率复用等有效载荷技术，单星通信容量 147Gbit/s	民用：S 频段，多址相控阵天线反向链路的波束形成由星上转变为地基波束形成

由于卫星通信具有覆盖广、全天候工作以及抗毁性强等优点，国外已经开始建设基于卫星通信的互联网，在数据采集、监控、跟踪定位、报文传递等方面展现了良好的应用前景。

美国摩托罗拉公司建设的铱星系统是全球第一个商业卫星互联网络系统，旨在为用户提供全球任何地区、任何时间的通信服务，虽然一代铱星系统因为技术、资金、市场等原因在 2000 年宣布破产，但随着卫星互联网技术与市场的成熟，铱星系统重新启动，其主要服务美国军方用户，说明卫星互联网的发展时机已趋于成熟。近年来，发达国家争先发展卫星互联网技术，包括 Argos 低轨卫星环境监测系统、O3b 中地球轨道（MEO）卫星通信系统、OneWeb 卫星互联网星座等。这其中最具发展潜力的为 SpaceX 公司的 Starlink 系统，计划发射多达 10000 颗卫星，结合地面站组成完整的通信网覆盖全球，提供低成本、高速率的卫星互联网服务。

1.3.2.2　国内典型系统

我国卫星通信系统经过几十年独立自主的发展，已形成一定建设规模。目前正在发展以固定业务为主的高通量卫星通信系统和以移动业务为主的移动卫星通信系统，低轨通信卫星星座也开始进入试验阶段。我国卫星通信系统发展历程如图 1-2 所示。

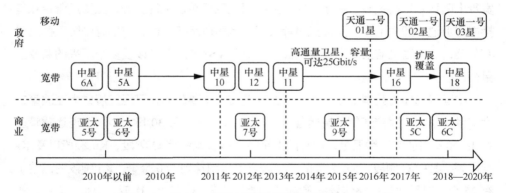

图 1-2　我国卫星通信系统发展历程

目前，在民用卫星通信领域，主要建设和发展中星系列、亚太系列通信广播卫星系统，通信业务基本实现亚洲、欧洲、非洲、太平洋等区域覆盖。我国现有在轨运行 C、Ku、Ka 频段的民用通信卫星共 15 颗，在轨的同步轨道商业卫星 10 颗，包括中星系列、亚太系列等，覆盖国家和地区包括中国、亚太、中东、澳大利亚、欧洲、非洲等。高通量宽带卫星发展刚刚起步，2017 年发射的首颗高通量 Ka 频段宽带卫星"中星 16 号"，通信容量达到 20Gbit/s，但整体技术水平、系统容量和服务能力与国外先进通信卫星系统尚有差距。

目前，国内还没有专门用于低轨联网的卫星通信系统，但有利用天通一号移动卫星通信系统实现物联网传输的计划，并已有机构和企业发射了一些用于物联网的低轨通信卫星，主要以技术实验为主，尚未开展规模化的商业应用。在应用方面已有基于现有卫星和设施开展物联网应用的探索，如基于北斗的输/变电设施远程监控和卫星数据链等应用。

1.3.2.3　典型应用

卫星通信领域应用主要包括广播电视、卫星通信、无地面通信的固定站点应用及应急通信等，我国已初步形成商业化的通信卫星研制发射、地面设施设备建设和运营服务模式。卫星广播方面，截至 2020 年 2 月底，全国直播卫星"户户通"开通用户达 12743 万户。卫星通信业务发展迅猛，天通一号的正式商用标志着我国进入自主卫星移动通信的手机时代，预计 2025 年我国卫星移动通信用户数将达到 300 万，为海上、边远地区和应急提供通信保障。灵巧通信试验卫星发射成功，飞机上卫星宽带上网技术取得突破。在运营中，主要通过卫星转发租赁业务，主要运营企业包括中国卫通、亚太卫星、亚洲卫星等公司。地面段运营公司，主要有中国直播卫星有限公司、中国电信集团卫星通信公司、众多 VSAT 运营商以及多个新兴的商业卫星公司。

中国卫通作为我国卫星资源实现全球覆盖的主要载体，已经发展成为亚洲第二大、世界第六大固定通信卫星运营商。截至 2019 年 6 月 30 日，中国卫通运营管理着 16 颗商用通信广播卫星，拥有的卫星转发器资源涵盖 C 频段、Ku 频段以及 Ka 频段等，其中 C 频段、Ku 频段的卫星转发器资源达到 540 余个，Ka 频段的点波束有 26 个，卫星通信广播信号覆盖中国、澳大利亚、东南亚、南亚、中东、欧洲、非洲等国家和地区。

1.3.3　导航卫星应用服务系统

1.3.3.1　国外典型系统

四大全球性卫星导航系统分别是美国的全球定位系统（GPS）、俄罗斯的格洛纳斯卫星导航系统（GLONASS）、欧洲的伽利略卫星导航系统（Galileo Satellite Navigation System，GSNS）和我国的北斗卫星导航系统（BDS）。

（1）GPS 是由美国国防部研制和建立的一种具有全方位、全天候、全时段、高精度的卫星导航系统，能为全球用户提供低成本、高精度的三维位置、速度和精确定时等信息。GPS 性能先进、运行稳定，可全天候连续为全球用户提供高精度定位与授时服务，具有 180 天自主运行能力；未来的第三代 GPS，寿命提高至 15 年，空间信号用户定位误差将达到 0.9m，远期将达到 0.15m，点波束增强能力可使信号功率增强 100 倍，极大地提升抗干扰能力。

（2）GLONASS 系统最早开发于苏联时期，后由俄罗斯继续实施该计划。1993年，俄罗斯开始独自建立本国的全球卫星导航系统，于 2007 年开始运营。当时只开放俄罗斯境内卫星定位及导航服务，到 2009 年，其服务范围已经拓展到全球。

（3）GSNS 是由欧盟研制和建立的全球卫星导航定位系统，于 1999 年 2 月由欧洲委员会公布。

（4）近年来，其他国家的区域性卫星导航系统也得到快速发展，如日本的准天顶卫星导航系统（QZSS）第一阶段包括 3 颗倾斜同步轨道卫星和 1 颗地球同步轨道卫星，目前已完成 4 颗卫星的部署，QZSS 的轨道设计保证了其服务地区覆盖东亚及大洋洲，全天 24h 都能可见 4 颗卫星。印度于 2013 年前后就着手开发自己的卫星导航系统，即印度区域卫星导航系统（IRNSS），截至 2020 年，印度已经发射了 7 颗 IRNSS 导航卫星，初步建立了一个区域的卫星导航系统。韩国自主建设的卫星导航系统（Korean Positioning System，KPS），将分 3 个阶段进行：第一阶段至 2024 年，2022 年前建成地面试验设施，并在 2024 年前开展卫星导航载荷技术研发并获得频率；第二阶段至 2028 年，将研发倾斜轨道导航卫星技术和地面站运营技术，开展导航卫星与地面站验证工作；第三阶段至 2034 年，建成韩国卫星导航系统并提供服务。

GPS、GLONASS、GSNS 及 BDS 四大系统对比见表 1-3。

表 1-3 四大卫星定位系统对比

定位系统	定位原理	位置精度	卫星数量	应用领域	优势	面临难题
BDS	35 颗卫星在 2 万千米高空环绕地球运行，任意时刻、任意地点都可观测到 4 颗以上的卫星	位置精度达到 2.5m，但民用精度为 10m，测速精度 0.2m/s，授时精度 10ns	由 35 颗卫星组成，5 颗静止轨道卫星和 30 颗非静止轨道卫星	民用方面，个人位置服务、气象应用、铁路、海运、航空、应急救援等	系统兼容、操作便利，卫星数量多	2020 年完成全部组网，社会渗透率有待提高

（续表）

定位系统	定位原理	位置精度	卫星数量	应用领域	优势	面临难题
GPS	根据高速运动的卫星瞬间位置作为已知的起算数据,采用空间后方交会确定目标点位置	单机导航精度约为10m,综合位置精度达厘米级和毫米级,民用领域开放精度为10m	由28颗卫星组成,其中4颗备用卫星	军用方面,如坦克、飞机导航等;民用方面,如交通管理、个人定位、汽车导航、应急救援、海上导航等	覆盖面积广,全球达到98%	位置、时延问题、精度仍有提升空间
GLONASS	与GPS类似,24颗卫星分布于3个轨道平面	广域差子系统提供5～15m位置精度,区域差子系统提供3～10m精度,局域差子系统为测站40km以内提供10cm精度	系统标准配置为24颗卫星,已完成组网	提供全天候、高精度的三维位置服务,在海洋测绘、地质勘探、石油开发、地震预报、交通等领域应用	全球覆盖、高精度,应用范围广泛	工作稳定性待提升,用户设备发展缓慢
GSNS	采用中高度圆轨道卫星定位方案,共发射30颗卫星	可提供实时的米级位置精度,为公路、铁路、空中、海洋甚至徒步旅行者提供1m的位置精度	由30颗卫星组成,其中27颗工作星,3颗备份星	提供导航、定位、授时等服务,特殊服务包括搜救,扩展应用有飞机导航、海上运输、车辆导航、精准农业	精度高、系统先进,安全系数高	系统稳定性待加强,卫星质量有待提高

　　针对全球卫星导航系统位置精度不能满足高精度用户需求,以及单独卫星系统的完好性不能满足高性能用户需求等方面的不足,出现了GNSS增强系统。主要的GNSS导航增强系统有星基增强和地基增强两大类。

　　地基导航增强系统(GBAS)利用互联网或广播站进行差分数据的播发,受地面连续运行基准站(CORS)数量限制,服务区域较小。若满足大范围覆盖,需要大量参考站,其位置精度可达到厘米级水平。CORS由若干个固定的连续运行GNSS参考站,利用计算机、数据通信和互联网技术组成网络,向不同类型、不同需求、不同层次的用户实时、自动地提供经过检验的不同类型服务的系统。其由参考站网、数据处理中心、用户终端及各部分间的通信链路组成。

　　星基导航增强系统(SBAS)指利用地面分布广泛的参考站不断对导航卫星进行监测,将获取的原始定位数据发送至主控站;主控站通过计算得到各个卫星的各种定位修正信息和完好信息，通过上行发给地球同步轨道卫星；最终地球同步轨道卫星将修正信息和完好信息播发给广大用户，从而达到提高位置精度的目的。星基增强系统由参考站网、中央处理设施、地球同步轨道卫星组成。星基导航增强系统可使用少量参考站提供覆盖范围较大的定位服务，相比于地基增强系统，星基导航增强系统服务范围可覆盖海洋区域，但是用户位置精度较低。

目前运行和建设的星基导航增强系统有美国的 WAAS、欧洲的 EGNOS、日本的 MSAS；正在建设中的星基增强系统有俄罗斯的 SDCM、印度的 GAGAN 和中国的 BDSBAS。美国主要的增强系统见表 1-4。

表 1-4　美国主要的增强系统

系统名称	建设管理单位	基准站数目/个	播发方式	服务精度	覆盖范围	主要用户
广域增强系统（WAAS）	美国联邦航空管理局（FAA）	38	星基播发	实时米级及亚米级	北美地区	航空用户
连续运行基准站（CORS）	美国国家大地测量局（NGS）	1800	移动通信	实时厘米级，事后毫米级	全美及周边少数国家	气象、测量、GIS、科研等
国家差分 GPS（NDGPS）	海岸警备队（USCG）	86	地基中波播发	实时 1～3cm 等 事后 2～5cm	北美地区	运输、农业、资源和环境管理等
星火系统（StarFire）	NavCom 公司	80	星基播发	厘米级	全球南北纬 76° 内	测绘、农业等

1.3.3.2　我国北斗卫星导航系统

北斗卫星导航系统是我国自主建设，并与世界其他卫星导航系统兼容共用的全球卫星导航系统，由空间段、地面段和用户段 3 部分组成。北斗系统空间段由若干地球静止轨道卫星、倾斜地球同步轨道卫星和中圆地球轨道卫星等组成；地面段包括主控站、时间同步/注入站和监测站等若干地面站，以及星间链路运行管理设施；用户段包括北斗兼容其他卫星导航系统的芯片、模块、天线等基础产品，以及终端产品、应用系统与应用服务等。20 世纪后期，中国开始探索适合国情的卫星导航系统发展道路，逐步形成了三步走发展战略：2000 年年底，建成北斗一号系统，向中国提供服务；2012 年年底，建成北斗二号系统，向亚太地区提供服务；2020 年，随着北斗系统第 55 颗导航卫星发射成功，完整建成北斗三号全球卫星导航系统星座，向全球提供服务。

我国继续加大力度推动北斗产业化进程。北斗产业已经成为国家经济转型、社会发展的重要支撑力量，相关技术已广泛应用于交通运输、农业、电力、金融、测绘和通信授时等领域，在与移动通信、地理信息、卫星遥感、移动互联网等的跨界融合中得到迅速发展。北斗室内外位置服务基础平台建设和应用示范、行业重大应用示范、区域重大应用示范等被列为重点支持领域。2014 年，北斗卫星导航系统首获国际海事组织的认可，成为继美俄之后第 3 个全球卫星导航供应商。

1.3.3.3 典型应用

美国、欧洲、日本等发达国家和地区对智能交通系统（ITS）建设投入了大量的财力，并取得了不小的成就。自 20 世纪 60 年代以来，美国政府部门和企业大力推进智慧交通系统建设和发展，将导航技术、地理信息系统（GIS）技术、云计算技术等高新技术应用到车辆安全、电子收费、交通管理、商业车辆管理等方面并取得了较好的效果。目前 ITS 在美国的应用已达 80% 以上，而且相关的产品也较先进。

在我国北斗卫星导航系统的运营服务方面，随着北斗行业应用和大众应用逐步进入服务化阶段，各种类型的位置服务公共平台大量出现和智能终端的应用普及，有力推动了产业链下游运营服务收入的快速增长。目前，北斗系统已经被广泛应用于社会生活中，在市政管理、交通服务、车辆监管、旅游服务、防灾减灾、应急救援、安保安防等诸多民生领域，北斗系统规模化应用发展趋势明显。2020 年 5 月，中国卫星导航定位协会发布的《2020 中国卫星导航与位置服务产业发展白皮书》显示，2019 年我国卫星导航与位置服务产业总体产值达 3450 亿元，较 2018 年增长 14.4%，其中与卫星导航技术研发和应用直接相关的产业核心产值为 1166 亿元，在总产值中占比为 33.8%。随着"北斗＋"和"＋北斗"应用的深入推进，由卫星导航衍生带动形成的关联产值达到 2284 亿元，有力支撑了行业总体经济效益的进一步提升。截至 2019 年年底，国产北斗兼容型芯片及模块销量已突破 1 亿片，国内卫星导航定位终端产品总销量突破 4.6 亿台，其中具有卫星导航定位功能的智能手机销售量达到 3.72 亿台；国产北斗基础产品已出口 120 余个国家和地区，基于北斗的土地确权、精准农业、智慧施工、智慧港口等，已在东盟、南亚、东欧、西亚、非洲等地区得到了成功应用。

2020 年系统全面建成之际，北斗面向全球用户提供七大服务。在中国及周边地区，所提供的星基增强、地基增强、精密单点定位等服务将为北斗高精度的泛在化应用奠定坚实基础。而短报文与移动通信的结合，也将有望使短报文应用在手机市场有所突破，从"短信"变成"微信"，开启大众规模化应用之门。

1.3.4 遥感卫星应用服务系统

1.3.4.1 国外典型系统

在卫星遥感应用方面，国外卫星遥感应用服务起步较早，目前已经形成高、低轨结合，涵盖光学、微波和物理场等探测手段结合的综合遥感观测能力，其中美国遥感（对地观测）卫星性能处于世界领先地位，其构建的地球观测系统（EOS）观测要素覆盖全面，空间分辨率、时间分辨率、光谱分辨率高。国外遥感卫星（主要为美国卫星）典型能力见表 1-5。

表 1-5 国外遥感卫星（主要为美国卫星）典型能力

类型	成像侦察	陆地卫星	气象卫星	海洋卫星	应急
代表卫星	KH-12、FIA-radar	Worldview-3	GOE、DMSP	Coriolis、Jason 等	DMC
主要技术指标	光学 0.1m 分辨率；雷达优于 0.3m	分辨率 0.31m；幅宽 15km，无控点图像位置精度 3.5m	低轨：可见光/红外分辨率达 400～800m 可获取地表和大气的微波辐射、紫外辐射、臭氧层分布和地磁变化等数据。静止轨道：全盘成像时间 30min，分辨率 1km	测高精度 3cm；测风范围：3～30m/s；风速精度：±2m/s；风向精度：20～30m/s	每天重访，分辨率 2.5m，幅宽 20km；普查星分辨率 22m，幅宽 660km

在面向公众的卫星综合应用服务方面，目前最具有代表性的信息服务机构主要有美国 NASA EOS 数据中心的 EOSDIS、Google Earth 以及 NASA 大数据处理中心，它们提供空间信息的存储管理、处理分析、整合应用、前沿研发和信息服务等工作，最大可能地实现资源的利用和共享。

1. NASA EOS 数据中心的 EOSDIS

EOSDIS 是 NASA 遥感数据存储、集成、分发、共享系统。采用统一的数据存储格式及分布式系统架构，将空间数据按照不同的科学领域划分至各个数据中心存储，总数量达到数千太字节以上，具备数据的自动化在线存储功能。同时，针对个人、企业以及其他行业部门用户提供在线空间信息产品、数据以及其他增值服务。

2. Google Earth

Google 公司的遥感数据系统均依托于 Google 的云计算平台，数据文件均存储于分布式文件系统之上，利用 BigTable 的索引机制响应遥感影像数据的在线请求。Google Earth 后端对遥感数据文件的瓦片化切分与存储使得系统能够满足来自全球数以亿计的用户并发请求，开启了互联网对卫星影像的使用。

3. NASA 大数据中心

美国 NASA 地球资源观测系统（EROS）数据中心（EDC），负责 Landsat 卫星及其他所有陆地观测卫星的接收、处理、存档和分发。该中心是世界上最大的民用地球遥感图像数据库，收藏了大量的地图、卫星图像和航空图像，已经成为 NASA EOS、ESE 项目的重要组成部分。

1.3.4.2 国内典型系统

我国卫星遥感初步形成了高分、资源、气象、海洋、环境减灾卫星体系，遥感应用向深度化、综合化方向发展，产业发展初具规模。目前民用卫星有高分卫星、气象卫星、海洋卫星和陆地卫星（风云系列、海洋系列、陆地资源系列、环境减灾系列和北京小卫星系列），自主数据源用户范围覆盖气象、测绘、防灾减灾等 20 多个领域，国产卫星数据在国内卫星遥感应用领域的市场占有率不断提高。同时，我国正组织实施民用空间基础设施规划，将进一步完善遥感卫星体系，形成规模化的卫星遥感数据获取能力。我国卫星遥感系统现状见表 1-6。

表 1-6 我国卫星遥感系统现状

卫星分类	载荷类型	卫星名称	分辨率/重访周期
高分卫星	高空间、时间、光谱分辨率卫星	高分一号（2m/8m） 高分二号（1m/4m） 高分四号（高轨光学卫星 50m 同步轨道） 高分三号（微波卫星） 高分五号（高光谱卫星） 高分六号（2m/8m） 高分七号（高精度立体测绘）	0.8m 分辨率光学/3.2m 分辨率多光谱
陆地卫星	光学观测星座	资源 02C（2.36m 光学） 资源三号（2.1m 立体测图星）高分一号（2m/8m 光学星）	2.5m 分辨率，全国 3 天重访，3 个月有效覆盖
	中分辨率观测星座	2 颗环境减灾 A/B 星（30m 光学星） 北京 1 号（4m/32m 光学星）	低轨分辨率 5~30m。全国两天 1 次有效覆盖
	合成孔径 SAR 观测星座	环境减灾 C 星（5m S-SAR）	低轨分辨率 5m，全国 5 天重访

（续表）

卫星分类	载荷类型	卫星名称	分辨率/重访周期
海洋卫星	海洋水色卫星星座	海洋一号 B 星（海洋水色星）	分辨率 250m，全球 1 天 1 次观测
	海洋动力卫星星座	海洋二号 A 星（极地海洋动力星）	海洋动力要素 1 天 1 次观测
大气卫星系类	天气观测卫星星座	风云二号	分辨率 1km，15min 获取全圆盘图像
	气候观测卫星星座	3 颗风云三号（气候观测星）	分辨率 250m，全球 1 天 2 次观测

　　我国卫星遥感应用已由试验应用型向业务服务型转变。自 2010 年实施高分辨率对地观测系统重大专项以来，已经基本建成了遥感卫星数据接收、处理、分发和管控系统，国内拥有卫星数据资源的机构主要有中国资源卫星应用中心、中国科学院空天信息研究院、国家卫星海洋应用中心、自然资源部国土卫星遥感应用中心、国家气象局卫星中心等卫星数据中心，各行业部门拥有喀什、三亚、北京、牡丹江等多个地面接收站，能够接收国内民用各类卫星数据资源以及部分国外卫星数据资源，满足各行业部门的民用需求。

　　民用卫星网络化服务比较典型的主要有天地图系统、高分专项民用系统以及"遥感集市"等产品为代表的商业公司，他们能提供从数据供应、生产、应用、服务的一揽子解决方案。

1.3.4.3　典型应用

　　国土资源方面，美国在 20 世纪 80 年代利用高分辨率遥感卫星对全球陆地表面进行观测，完成了全球性农业和资源的空间遥感调查计划（AGRISTARS）。90 年代，基于高分辨率卫星遥感数据的一体化地籍管理系统在国民经济的各个领域都得到了广泛的应用。

　　减灾方面，美国、法国、日本等国在使用空间信息技术进行灾害监测评估系统建设上起步较早，发展也较为成熟。国际上 3 个影响较大的灾害应急管理系统包括美国的 EMS、欧洲尤里卡计划（EUREKA）的 MEMbrain 系统与日本的 DRS。它们主要基于 3S 技术，实现多源数据的处理和综合应用。

　　气象方面，欧洲气象卫星应用组织以 Metop-1/2/3 航天器为基础。美国则于 2011 年发射极轨运行环境系统先期计划（NPP）卫星，由雷声公司研制的通用地面系统（CGS）也进入运行状态。CGS 地面系统将服务于美国新一代气象卫星系统，包括民用的联合极轨卫星系统（JPSS）和军用的国防气象卫星系统（DWSS）。

农业方面，空间信息技术已经应用到作物面积监测、长势监测、估产、灾害监测、农业环境监测与评价、土壤资源监测、精准农业、渔业等各个领域，成为农业高新技术新的增长点。美国农业部（USDA）、NASA 等部门连续合作开展了面积农作物估产实验（LACIE）计划、农业和资源的空间遥感调查（AgRISTARS）计划、全球农业监测（GLAM）计划等一系列农业遥感应用计划，建立了农情遥感监测系统并不断发展完善。

环保方面，主要应用于大气环境、海洋环境和陆地环境三大方面。包括水质的叶绿素含量、泥沙含量、水温、水色；大气气温、湿度以及 CO、CO_2、O_3、CH_4 等主要污染物的浓度；固体废弃物的堆放量和分布以及其影响范围；海面风、浪、流、热结构和冰盖及生物量的研究等遥感海洋学新学科。

林业方面，越来越广泛地应用于森林资源调查与监测、荒漠化沙化土地监测、湿地资源监测、森林防火监测等林业建设中的各个领域。美国已参与全球环境变化监测和森林保健（FHM）监测领域，利用航天遥感技术建立大范围的森林生态图（ECOMAP）和森林健康指数图。

测绘方面，加拿大利用卫星遥感数据修测 1:200000 地形数据库；法国、意大利利用卫星遥感数据绘制非洲及东南亚地区 1:50000 大面积地形图；美国 USGS 负责实施的 1:100000 至 1:500000 全美数字地质图编制项目，其信息来源主要是遥感图像，并更新了有关的 GIS。

我国在卫星遥感应用方面，开展了一系列应用共性技术攻关，在农业、资源、灾害、林业、环境、海洋、测绘、水利、交通、住建、气象、公共安全等领域基本建立了应用示范系统，在北京、河北、湖南等 16 个省（市、自治区）建立了高分辨率对地观测系统省级数据应用中心，自然资源部也在各省建立了省级卫星应用技术中心，开展典型行业应用示范和区域综合应用示范，极大促进了基于自主卫星遥感数据的遥感应用产业的发展，初步形成了卫星遥感应用产业发展规模。

|1.4 发展趋势 |

由天基信息应用服务的发展现状可见，近年来，建设卫星互联空间信息网络，提供覆盖全球、互联互通、实时精确的信息服务已成为各国发展的重要方向，目前国际国内均已启动部署多个空间信息网络工程。随着天地一体的信息网络逐步建成应用，空间信息服务能力将依托天地网络的高低轨组网联动、广覆盖、大通量、高并发、多链路应用特性进一步发展，形成新的时空数据服务模式、智能分发机制、智能处理能力，解决传统时空数据服务中异源数据系统融合困难、数据服务链路长、面向用户端的精确实时服务能力不足等问题。我们认为，随着信息技术的快速发展和网络、协议、在轨融合能力的发展，未来，天地一体、多星座融合的卫星应用将呈现如下发展趋势。

1. 以用户需求、用户任务为核心的服务模式

针对终端用户对时空数据需求的差异化、动态化、高时效应用特征，转换天地一体时空数据服务角度，从以数据为中心转向以用户、任务为中心的端到端轻量级、高时效、智能化按需精准推送服务模式，形成以用户需求、任务目标、应用聚类为核心的个性化、智能化多端分发服务模式，实现天地一体时空数据需求的主动化、差异化、动态化服务。

2. 星地网络资源的一体化统筹

基于星地/星间链路组建网络泛在资源的协同服务，利用网络信息体系思想，将天地一体化信息网络的资源、节点、用户、平台等全要素进行云、边、端的映射匹配，形成天地一体的云边端服务协同体系架构。结合边缘计算、人工智能、区块链等前沿技术，解决星地一体的边端协同计算与处理问题，实现数据、存储、计算等资源在网络下的高效调配利用与流转，并在端层面充分解析用户需求，实现高时效、需求满足、链路适配的应用产品分发推送。

3. 空间信息的综合化应用

基于天地一体化信息网络，通过网络打通通信、导航、遥感等各系统，实现多源时空信息资源的一网统筹，分为以下 3 个层面：空间设施一体化，即卫星硬件设备合一，同时具备通导遥传感器设备与应用功能；终端一体化，即应用端功能合一，用户使用同一终端设备即可接收通导遥各类信息服务；信息融合，即通导遥多源异构时空信息的融合应用，以应用任务为核心驱动，实现多源时空数据的决策级融合，智能深度辅助用户应用决策。

4. 空间、时间、用户端多维泛在的信息服务

统筹天基信息系统对事件响应的传感器管控、链路获取、自动智能处理、用户智能精准推送的各流程环节，充分实现信息流转环节无延迟、去冗余，接入服务不同层级、不同应用端的各类用户，形成时空无缝覆盖的数据传输网络，实现空间全球化、时间可回溯、用户随行、"无处不在"的持续实时动态信息服务。

5. 天基/地面应用系统的融合

（1）卫星通信与 5G 的融合

随着我国 5G 的发展与应用，卫星通信与 5G 的融合已成为社会研究热点。相比4G，5G 具备了低功耗、低时延、终端直通等新特征，能够实现万物互联，满足广覆盖的用户需求，为卫星网络、地面网络的融合奠定了基础，开展星地融合通信研究是今后的主要研究方向。5G 具备完善的产业链、巨大的用户群体、灵活高效的应用服务模式，与卫星通信系统相互融合，取长补短，共同构成全球无缝覆盖的海、陆、空、天一体化综合通信网，延伸提升地面网络的覆盖范围、移动载体连接能力及用户终端数据分发效能。

近年来快速发展的互联网卫星星座采用基于统一的 IP 交换技术，实现与地面互联网的融合互通。在市场策略上，与电信运营商开展合作，用卫星为蜂窝提供回程服务，或是将卫星接收设备做小区"热点"，拓展现有的地面网络，用户可以使用现有的智能手机和平板计算机访问卫星网络。

结合我国空间信息网络规划及有关研究，能够预测未来卫星通信系统将会以高、低轨卫星混合轨道设计为核心，并利用高频段、低频段多波束天线，在地面形成蜂窝覆盖，从而实现低速、宽带传输服务功能。未来卫星地面通信系统将体现覆盖融合、业务融合、用户融合、体制融合、系统融合的特征，资源协调调用，实现卫星网络、地面网络的无缝切换使用。卫星-5G 总体架构设想如图 1-3 所示。

（2）星地一体导航增强系统的融合

受星历误差、卫星钟差、电离层延迟等误差影响，普遍采用导航增强系统对导航卫星信号进行修正，实现更加精确的定位，主要包括地基与星基增强系统。其中，地基增强依赖在地面建立固定的 CORS，由各地测绘、国土、气象等部门负责建设国家 CORS 网，优化后精度可达毫米级至亚米级不等，但覆盖范围受通信信号限制；星基卫星对导航可作为信源、信息增强中继及导航卫星监测端进行增强，我国已开展珞珈一号等实验研究，初步验证了星基低轨卫星的可用性增强能力。结合星基全覆盖、航空海洋应用方面的优势与地基精度、速度与地面应用的优势，形成星地一体的互补增强方案，可实现导航系统的全面增强应用服务；以北斗三号、"鸿雁"星座为例，星基导航增强与低轨通信星座的融合应用已成为重要发展趋势。

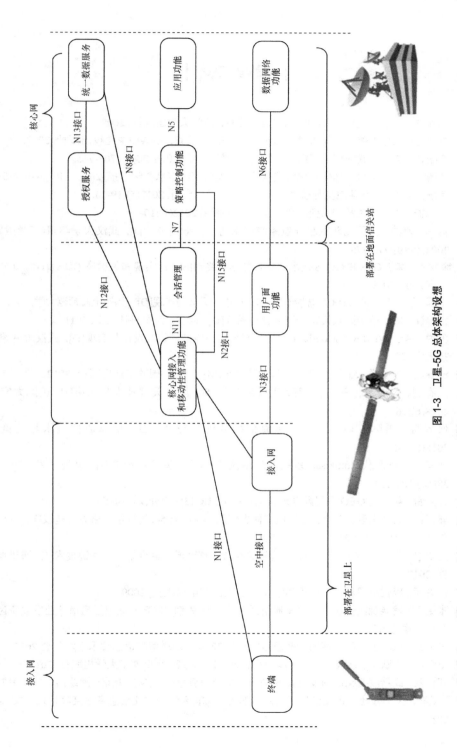

图 1-3 卫星-5G 总体架构设想

参考文献

[1] 邢振祥, 彭慧卿. 大学计算机基础[M]. 北京: 清华大学出版社, 2009.

[2] 冯仿娅. 领导干部信息能力建设理论与实践[M]. 北京: 中共中央党校出版社, 2007.

[3] 李德仁. 论"互联网+"天基信息服务[J]. 遥感学报, 2016, 20(5): 708-715.

[4] 李德仁. 论天空地一体化对地观测网络[J]. 地球空间信息科学学报, 2012, 14(4):419-425.

[5] 负敏, 葛榜军. 北斗卫星导航系统及应用[J]. 卫星应用, 2012(5):19-23.

[6] 李冠群. 北斗系统及产品应用介绍[J]. 北斗星通, 2012(1):10-18.

[7] 杨军, 曹冲. 我国北斗卫星导航系统应用需求及效益分析[J]. 武汉大学学报(工学版), 2004, 29(9):776-778.

[8] 徐龙芳. 基于GPS和GPRS技术的多功能车载终端的硬件实现和关键技术研究[D]. 山东: 山东大学, 2011.

[9] 于蓉. 基于嵌入式WINCE智能GPS车载终端的设计与实现[D]. 上海:上海师范大学, 2011.

[10] 纪俊江. 矿山救护队救援车辆调度管理系统[D]. 西安: 西安科技大学, 2011.

[11] 郭锐. 基于Windows Mobile平台的车载导航与监控系统的设计与实现[D]. 武汉:华中科技大学, 2010.

[12] 汪春霆, 张俊祥, 潘申富, 等. 卫星通信系统[M]. 北京: 国防工业出版社, 2012.

[13] 汪春霆, 翟立君, 卢宁宁, 等. 卫星通信与 5G 融合关键技术与应用[J]. 国际太空, 2018(6):16.

[14] 何异舟. 国际天地融合的卫星通信标准进展与分析[J]. 信息通信技术与政策, 2018(8):1-6.

[15] 郭春启. 第四代 Inmarsat 系统的应用及新一代卫星系统简介[J]. 电视技术, 2014, 38(10):101-104.

[16] 程宇新. 新一代 GEO 卫星移动通信新标准 GMR-13G 简介[Z]. 2015.

[17] 郭正标. 天地大融合时代, 卫星通信何去何从——融合5G的卫星网络方案建议[J]. 卫星与网络, 2018(9):22-26.

[18] 王明旭, 张万东, 陈周天, 等. 卫星导航与 5G 移动通信融合架构与关键技术[J]. 通讯世界, 2017.

[19] 张更新. 现代小卫星及其应用[M]. 北京: 人民邮电出版社, 2009.

[20] 张更新. 发展我国低轨卫星星座通信系统的一些思考[C]//第 8 届卫星通信产业发展研讨会论文集, 2017.

[21] 张更新. 低轨卫星物联网的一些思考[C]//第 32 届全国通信与信息技术学术年会,2017.

[22] 王海涛, 仇跃华, 梁银川, 等.卫星应用技术[M]. 北京: 北京理工大学出版社, 2017.

[23] 郑作亚. 高精度 GNSS 时变观测模型与数据处理质量控制[M]. 北京: 测绘出版社, 2017.

[24] 吴曼青. 关于天地一体化信息网络发展的考虑[C]//天地一体化信息网络高峰论坛论文集, 2013.

[25] 汪春霆, 等. 天地一体化信息网络架构与技术[M]. 北京: 人民邮电出版社, 2021.

[26] 闵士权, 刘光明, 陈兵, 等. 天地一体化信息网络[M]. 北京: 电子工业出版社, 2020.

[27] 吴巍. 天地一体化信息网络发展综述[J]. 天地一体化信息网络, 2020, 1(1): 1-16.

[28] 郑作亚, 薛庆浩, 仇林遥, 等. 基于网络信息体系思维的天地一体通导遥融合应用探讨[J]. 中国电子科学研究院学报, 2020, 15(8): 709-714.

第 2 章

天地一体化信息网络系统简介

天地一体化信息网络应用服务系统是基于天地一体化信息网络，开展数据承载、汇聚、管理、处理和时控信息服务的一个重要系统。为了读者更好地了解应用服务系统，本章对天地一体化信息网络系统进行简单介绍，内容包括系统组成和网络架构，给出安全防护以及运维管控的概念、组成和功能，以及基于网络开展的应用服务，并概要介绍天地一体化信息网络系统传统的卫星传输技术和卫星组网技术发展情况。

天地一体化信息网络是由空间信息网络与地面信息网络组成的一体化信息网络。天地一体化信息网络贯穿海洋远边疆、太空高边疆、网络新边疆，是国家重要的信息基础设施，对维护国家利益、保障国家安全、服务国计民生、促进经济发展，具有重大意义。2016 年，我国颁布的《"十三五"国家科技创新规划》，将"天地一体化信息网络"项目列入了"科技创新 2030"的重大工程。自主创新发展天地一体化信息网络、发展自主可控的空间信息基础设施是我国实现全球信息服务的必然选择。

| 2.1 系统组成 |

天地一体化信息网络由位于不同轨道的通信卫星星座、信关站、测控站、地面通信基础设施、一体化核心网、网络管理系统、运营支撑系统、用户组成，如图 2-1 所示。不同实体的功能如下。

通信卫星星座：由位于地球静止轨道（GEO）、中地球轨道（MEO）、低地球轨道（LEO）的多颗通信卫星以及临近空间飞行器等组成；卫星采用 L、Ku、Ka 乃至于 Q/V 频段频谱，通过多点波束天线形成对地覆盖，为用户提供移动或者宽带服务；同轨和异轨卫星之间通过微波或者激光链路相连构成天基网络，卫星搭载星上处理载荷实现信号处理和业务、信令的空间路由转发。

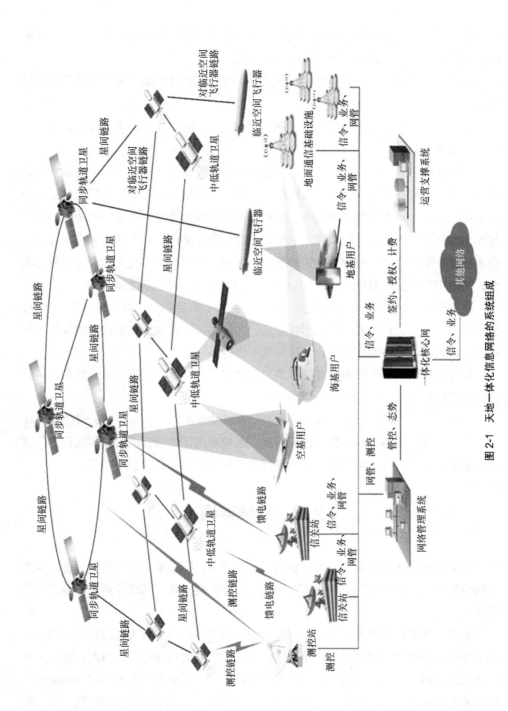

图 2-1　天地一体化信息网络的系统组成

信关站：通过馈电链路实现与卫星互联，解决天基网络承载用户信号、业务数据、网络信令、星上设备网管信息的落地问题。

测控站：依据工作任务要求，控制卫星的姿态和运行轨道，配置卫星载荷工作状态。

地面通信基础设施：包括地面移动通信基站、Wi-Fi 等无线接入设施，与卫星形成协同的覆盖。

一体化核心网：与卫星、信关站和地面通信基础设施互联，一体化处理借助天基或者地基不同途径接入用户的入网申请、认证和鉴权、业务寻呼、呼叫建立、无线承载建立、呼叫拆除等流程信令；实现语音编码转换等网内业务处理功能；实现与其他网络互联，处理网络边界上的信令交互、业务路由、业务承载建立和管理、必要的业务格式转换；保存用户签约信息；在用户呼叫层面实现天地资源的统筹调度；进行用户业务信息统计，评估 QoS 和计费；进行网络性能统计。

网络管理系统：管理、监控全网的拓扑、路由；监控网络所有设备的运行状态，包括星载和地面设备；收集全网运行指标，向网络操作者反馈；根据网络操作者的指令，配置网内设备运行参数；处理异常和告警事件。

运营支撑系统：受理用户业务申请、管理用户和订单、进行业务计费和账务结算、处理投诉和咨询、提供网上营业厅等。

用户：包括天基、空基、海基、陆基等多种类型的用户，在系统的管理下，在不同卫星之间、星地之间的覆盖区间切换；系统采用星地融合的传输体制设计，终端根据业务需求、接入途径配置多个频段的天线和射频，共用基带单元。

| 2.2 网络架构 |

网络架构是网络体系的结构性表述，是对网络目标愿景、结构要素、协议规则的整体性设计，通常也称为网络体系结构。网络架构决定了网络体系发展蓝图和构建方式。

随着天基网络的快速发展，天基网络与地面网络形成了两大相对独立的网络，为了更高效地实现资源共享，天地一体化是未来发展的必然趋势。目前，实现天地一体化的途径主要有"天星地网""天网地站""天网地网" 3 类，"天网地网"是未来主流的网络发展方式。在"天网地网"架构中，天基网络主要由高、中、低轨卫星星座组网以及相关的地面信关站、运营支撑设施组成,地面网络主要包括地面互联网、移动通信网等。通过设置一体化网络互联中心,将天基网络和地面互联网、移动通信网互联互通。天基网络既可作为独立系统存在,直接面向用户提供服务,也可作为地面网络的补充,扩大地面网络覆盖范围,弥补机动保障能力方面的不足,如图 2-2 所示。

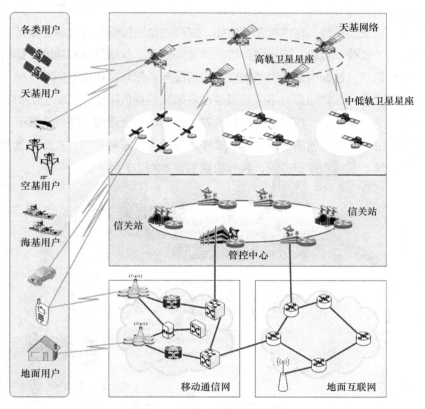

图 2-2 天地一体化信息网络架构

其中,高轨卫星星座节点之间通常采用激光或微波链路互联组网,实现高速数据传输服务。中低轨卫星星座包括宽带、物联等类型星座,用户可以根据实际需求,选择一个或多个网络进行接入。天基网络通过一体化资源管理,进行功率控制和干扰协调;通过联合接纳控制等方式,实现对接入资源的整体优化配置管理。同时,地面信关站为各种天基网络提供灵活有效的互联。鉴于天基资源(计算、存储、带宽、功耗)的有限性,以及地面设备强大的计算和处理能力,主要由地面信关站实现天基组网控制功能，对高中低轨卫星星座路由进行调控，避免庞大的地面路由信息对天基网络产生冲击，以及屏蔽天基网络动态性可能带来的地面网络路由震荡。

从功能实现上，天地一体化信息网络在吸收借鉴互联网、移动通信网、卫星通信网等领域的实践成果基础上，可按照"传输一体化、功能服务化、应用定制化"的思路构建，逻辑上划分为传输组网、应用服务、领域应用 3 个层次，同时突出安全防护、运维管理的一体化保障支撑作用，形成"三层两域"网络架构。其中，传输组网层完成通信传输、路由转发等功能，主要由星地传输接入设备（载荷）、路由交换设备（载荷）组成；应用服务层完成业务处理、数据处理等功能，提供宽带通信、移动通信、数据中继、天基物联等应用服务；领域应用层面向军、民、商等用户，实现天地一体化信息网络应用服务在各领域的特色化能力；安全防护域提供网络整体安全保障功能，包括接入鉴权、安全监测、安全管理、密码管理等；运维管理域实现卫星系统和网络系统一体化管理，包括运行态势感知、资源配置管理、故障诊断处理、运营支撑服务等，具体功能架构如图 2-3 所示。

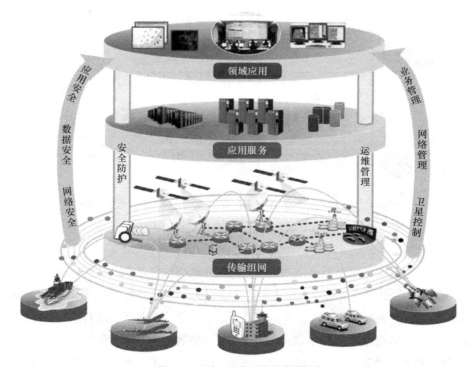

图 2-3　天地一体化网络的功能架构

|2.3　传输组网 |

2.3.1　传输技术

1.卫星宽带传输技术

目前，在 C、Ku、Ka 频段的固定卫星业务（Fixed Satellite Service，FSS）领域的卫星通信常采用前向 TDM、反向 MF-TDMA 的技术方案。最具代表性的为 ETSI 发布的 DVB-S(2)/RCS 标准。目前国内外主要宽带卫星通信系统技术体制见表 2-1。

表 2-1　国内外主要宽带卫星通信系统技术体制

系统厂商	产品名称	技术体制	卫星网络	时间
Viasat	SurfBeam	DOCSIS	HOT BIRD 6（13°E） WildBlue（ANIK-F2）	2002 年 2004 年
	SurfBeam 2	DVB-S2/MF-TDMA	Ka-SAT Viasat-1	2010 年 2011 年
	LinkStar	DVB-S2/DVB-RCS	租用卫星网络	—
Huges	Spaceway	星上交换 RSM-A	Spaceway-3	2007 年
	HN 系统	DVB-S2/IPoS	租用卫星网络	2012 年
	HX 系统	DVB-S2/IPoS	租用卫星网络	2012 年
	Jupiter	DVB-S2X	Jupiter	2016 年
Gilat	SkyEdge II	DVB-S2/DVB-RCS	O3b	—
Advantech	SetNet	DVB-S/DVB-RCS	Amerhis	2004 年
		DVB-S2/DVB-RCS	O3b Hispasat AGI	2011 年 2012 年
iDirect	Evolution	DVB-S2/D-TDMA	O3b	2011 年
Newtech	Tripleplay	DVB-S2/satmode	Astra2Connect （SES Astra）	2007 年
IPSTAR	IPSTAR	OFDM-TDM/MF-TDMA	IPSTAR	2005 年
WINDS	WINDS	IP over ATM	WINDS	2008 年

2. 卫星移动通信传输技术

从 20 世纪 90 年代开始，随着移动卫星业务（Mobile Satellite Service，MSS）的发展，关于卫星与地面移动通信相互融合的讨论与尝试就从未停止。早期的 MSAT 系统采用地面模拟蜂窝网技术；Thuraya 系统在设计过程中采用了类似 GSM/GPRS 体制的 GMR（GEO-Mobile Radio Interface）标准；低轨卫星星座铱星和 GlobalStar 的空中接口则分别以 GSM 和 IS-95 作为蓝本。Imarsat-4 卫星系统采用的 IAI-2 标准以及 ETSI 发布的 S-UMTS 标准均基于 WCDMA 框架设计。美国光平方公司的 SkyTerra 采用辅助地面组件（Ancillary Terrestrial Component, ATC），卫星系统与地面基站复用同一频段，空中接口信号格式几乎相同，终端可以在卫星与地面基站间无缝切换，用户无须使用双模终端即可在全美国范围内使用 SkyTerra 提供的 WiMAX、LTE 等 4G 无线宽带网络。

从 2010 年开始，我国启动了一系列基于 LTE 标准的卫星移动通信技术研究，并于 2012 年 5 月向国际电信联盟提交了卫星通信系统 LTE 标准草案。2016 年发射的天通一号卫星在空中接口的设计上也借鉴并部分采用了 3GPP-R6 的标准，但是在物理层上采用的是窄带单载波传输体制。

随着 5G 技术的日益成熟，卫星与 5G 的融合也引起了许多关注。3GPP 从 R14 开始关注卫星通信与 5G 的融合，并重点分析了卫星可给 5G 移动通信带来的优势。3GPP 在 R15 中对卫星通信与地面 5G 的融合做了进一步研究，主要成果集中在技术报告 TR38.811 与 TR22.822 两个文件中。前者阐述了 5G 系统中非地面网络（Non-Terrestrial Network，NTN）的作用与角色，并列举了卫星接入网服务于 5G 的用例，介绍了非地面网络候选架构、5 个非地面网络参考部署场景、传输特征和信道模型。后者对卫星融入 5G 的使用情形做了进一步的描述，列出了 12 个具体用例，包括星地网络间漫游、卫星广播和多播、卫星物联网、卫星组件的临时使用、卫星的最优路由和指向、卫星跨界服务的连续、通过 5G 卫星的非直连、NR 和 5G 核心网间的 5G 固定回程链路等。3GPP 在 R16 阶段主要开展了卫星 5G 系统架构和新空口支持非地面网络的解决方案等方面的研究。

3. 卫星中继传输技术

空间数据系统协商委员会建议（CCSDS）协议体系专为空间链路设计，针对传输距离远、节点动态性高、链路时延变化大、链路不对称、间歇性的链路连接等问题进行优化，协议体系较为完善。该体系在 30 年的运行过程中，已开发推出了百余项建议，覆盖了空间数据系统的体系结构、信息传输、语义表述、信息管理等方面。CCSDS 协议体系结构自下而上包括物理层、数据链路层、网络层、传输层和应用层。

（1）物理层

CCSDS 规定了射频与调制系统，用于空间飞行器与地面站之间链路的物理层标准。在调制上，CCSDS 支持 QPSK、8PSK、16APSK、32APSK 以及 64APSK，与链路层配合可实现 VCM（Variable Coding and Modulation）功能。输出成形滤波器为平方根升余弦滤波器、滚降系数支持 0.2、0.25、0.3 和 0.35。

（2）数据链路层

CCSDS 定义了数据链路协议子层和同步与信道编码子层。数据链路协议子层规定了传输高层数据单元的方法。数据链路层以传送帧（Transfer Frame）为传输单元。同步与信道编码子层规定了在空间链路上传送帧的同步与信道编码方法。

CCSDS 开发了数据链路层协议子层的以下 4 种协议：TM 空间数据链路协议、TC 空间数据链路协议、AOS 空间数据链路协议、Proximity-1 空间链路协议的数据链路层。这些协议提供了在单条空间链路上的数据传输功能，统称为空间数据链路协议（Space Data Link Protocol，SDLP）。与之相对应，CCSDS 还开发了数据链路层同步与信道编码子层的 3 个标准：TM 同步与信道编码、TC 同步与信道编码、Proximity-1 空间链路协议的编码与同步层标准。TM 和 AOS 空间数据链路协议基于 TM 同步与信道编码标准，TC 空间数据链路协议基于 TC 同步与信道编码标准。Proximity-1 空间链路协议具有数据链路层和物理层的功能，其中，Proximity-1 空间链路协议的数据链路层基于 Proximity-1 编码与同步层。

（3）网络层

网络层空间通信协议实现空间数据系统的路由功能，空间数据系统包括星上子网和地面子网两大部分。CCSDS 开发了两种网络层协议：空间分组协议（Space Packet Protocol，SPP）和 SCPS-NP（Space Communication Protocol Specification-Network Protocol）网络层的协议，网络层数据单元通过空间数据链路协议传输。SPP 的核心是提前配置 LDP（Logical Data Path），并用 Path ID 代替完整的端地址来标识 LDP，从而提高空间信息传输效率，但只适合静态路由的通信场合。LDP 是单向的，可以是点到点或多播路由。SCPS-NP 协议有 3 个方面改进：NP 提供 4 种包头供用户在效率和功能之间选用，既支持面向连接的路由也支持面向无连接的路由；与 IP 的 ICMP（Internet Control Message Protocol）相比，SCPS 控制信息协议中 SCMP 提供了链路中断消息。IPv4 和 IPv6 分组可以通过空间数据链路协议传输，或与 SPP、SCPS-NP 复用或独用空间数据链路。

（4）传输层

CCSDS 开发了传输层协议 SCPS-TP，向空间通信用户提供端到端传输服务。CCSDS 还开发了用于文件传输的协议 CFDP（CCSD File Delivery Protocol），CFDP 既提供了传输层的功能，又提供了应用层文件管理功能。传输层协议的 PDU 通常由网络层协议传输，在某些情况下，也可以直接由空间数据链路协议传输，互联网的 TCP、UDP 可以基于 SCPS-NP、IPv4 或 IPv6。

SCPS 安全协议 SCPS-SP 和互联网安全协议 IPSec 可以与传输协议结合使用，提供端到端数据保护能力。

（5）应用层

应用层空间通信协议向用户提供端到端应用服务，如文件传输和数据压缩。CCSDS 开发了 3 个应用层协议：SCPS 文件协议 SCPS-FP、无损数据压缩、图像数据压缩。每个空间项目也可选用非 CCSDS 建议的特定应用协议，以满足空间项目的特定需求。应用层 PDU 通常由运输层协议传输，某些情况下，也可以直接由网络层协议传输。互联网中的应用协议也可以基于 SCPS-TP、TCP、UDP。其中，CCSDS 文件传输协议 CFDP 具有传输层和应用层功能。

目前，CCSDS 建议的大部分内容已转化为国际标准或各国航天机构的内部标准。CCSDS 已被大多航天机构采纳和应用，并且已经经过了多次航天任务的考验。据统计，国际上采用 CCSDS 建议的航天任务已超过 600 个。

2.3.2　组网技术

当前，卫星网络以"基于电路交换的组网方案"和"基于分组交换/路由技术的组网方案"为两个主要的发展方向。"基于电路交换的组网方案"主要有星载交换时分多址（SS-TDMA）、基于数字信道化柔性交换等，电路交换方案虽然具有与上层协议无关、设备可靠性高以及易于体制更新等优点，但是其资源分配方式不够灵活，资源利用率低，且难以适应空间多星协同组网应用需求。"基于分组交换/路由技术的组网方案"通过统计复用、按需分配等关键技术研究，提高了网络的资源利用率，更加适合用户业务有高速率、复杂服务质量（Quality of Service，QoS）等要求的应用环境，获得了更为广泛的关注。从 20 世纪 90 年代开始，该方向依次提出了卫星 ATM、卫星 IP 以及卫星 MPLS 等组网方案。

1. 卫星 ATM 组网技术

异步传输模式（Asynchronous Transfer Mode，ATM）是一种面向连接的网络技术，它采用图 2-4 所示的 53byte 定长信元结构。ATM 是宽带综合业务数字网（Broadband Integrated Service Digital Network，B-ISDN）的核心，它为不同类型的业务提供了统一的传输平台。

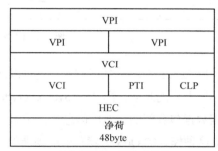

网络/网络接口的信元结构　　　　　　　　用户/网络接口的信元结构
注：一行代表1byte。

图 2-4　ATM 信元结构示意图

ATM 具有端到端 QoS 保证、流量控制和拥塞控制完善、动态带宽分配与管理灵活、支持多种类型业务等突出优势。如何将它与卫星通信相结合成为 20 世纪 90 年代卫星网络研究的一个重要方向。经过一段时间的探索，卫星 ATM 技术形成了比较完备的方案，成果覆盖组网方案、协议架构、星上交换结构、信元设计、信令设计以及 IP 业务支持等方面。

从总体上看，卫星 ATM 技术并没有脱离地面 ATM 技术的基本框架，大部分研究只针对卫星通信特点，在某一个技术细节上进行了必要修改。此外，卫星 ATM 没有很好解决 IP 业务的服务问题，沿用 UBR 对 IP 进行服务难以保证服务质量，对 IP 业务使用的 AAL-5 方案进行重新定义又难以与地面系统兼容。

2. 卫星 IP 组网技术

互联网协议（Internet Protocol，IP）为多网融合提供了一个综合平台，占据了当前数据业务的大部分流量，成为当前重要的组网技术。IP 位于网络分层模型中的网络层，它采用长度可变的数据包，其结构如图 2-5 所示。

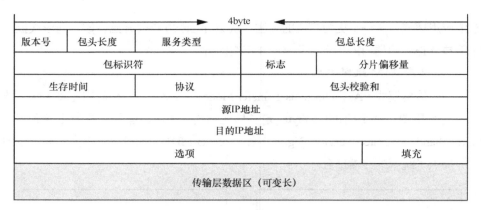

图 2-5　IP 数据包结构示意图

IP 技术具有很强的适应性，它可以运行在任何物理介质和二层网络上，可以保证不同网络的互通，即"IP over everything"。与 ATM 技术不同，早期的 IP 技术根据数据包头部的"地址信息"，采用"逐跳转发"的"无连接模式"进行数据传输。这种模式的 QoS 保障采取端到端的原则，所有控制都由网外的终端控制，网内节点只进行简单的转发。由于终端只能被动地对网络状态进行响应，因而业务的传输过程具有很强的不确定性，难以实现 QoS 保障。

3. 卫星 MPLS 组网技术

多协议标签交换（Multi-Protocol Label Switching，MPLS）技术为 TCP/IP 框架中网络层和链路层的结合提供了一套体系架构，使所有针对网络层的复杂操作都能映射为对标记的操作，解决了 IP 和承载网络交互问题。与 ATM 不同，MPLS 不是一个完整的网络体制，它必须和 IP 结合在一起。

MPLS 技术的核心是标记，但其本身并没有对标记形式作严格的规定，这使 MPLS 能够使用 VPI/VCI 等链路层分组字段作为标记，进而将 ATM、帧中继等异构网络纳入一个统一的体制中。

在 MPLS 网络中，IP 层的路由信息和业务服务质量参数映射到链路层，并利用标记标识具有相同属性的业务流。数据传输开始前，网络首先根据业务的 IP 层信息进行转发等价类（Forwarding Equivalence Class，FEC）定义，然后为 FEC 建立类似 VCC/VPC 的标签交换路径（Label Switched Path，LSP），并为其预先分配资源。数据传输开始后，LSP 的每个节点仅依据链路层分组的标记字段进行转发，而无须提取 IP 层的任何信息，提高了转发效率。

|2.4　应用服务|

2.4.1　概念

卫星应用是将卫星及其开发的空间资源用于国民经济建设、社会发展等领域所形成的各类技术、产品和服务的通称。卫星应用服务系统是航天工程的主要子系统之一，是面向空间航天器的应用目标与使用者，为实现航天工程既定的应用服务功能与任务目标而构建的系统，有时也简称为应用系统或服务系统。

卫星应用服务系统按照不同的维度，有多种分类方式。从信息类别的维度，可以分为通信应用系统、遥感应用系统、导航应用系统等；从用户类别的维度，可以分为科研应用系统、军事应用系统、民商应用系统等；从服务范畴的维度，可以分为专用应用系统、通用应用系统与综合应用系统等。

卫星应用服务系统在不同的航天工程发展历史时期有不同的内涵。随着科学技术发展和需求的牵引，航天工程逐渐由最初的科学研究，发展到军事科研专用，再到目前广泛的民用和商业应用，在这一过程中应用服务系统的内涵与形态也随之逐步演进。

卫星传统应用服务系统指负责接收、处理、管理、挖掘航天器有效数据，形成面向应用与服务能力的专用系统。传统应用服务系统大多是由固定设备和若干移动卫星终端组成的地面系统，特点表现为专业化，其业务类型和服务模式较为单一，大多是孤立的业务管理系统和流水线式的数据处理系统，且与各类用户网络及信息系统融合度不足。

卫星现代应用服务系统指基于通信、导航、遥感等各类天基信息，与用户信息系统相融合，提供应用与服务能力的分布式系统，是卫星技术和业务运营结合的依托载体。现代应用服务系统的特点是"信息化"和"自动化"，包括从用户需求接收和筹划、天基数据传输和处理、终端用户服务等全流程的信息服务。

天地一体化信息网络是卫星网络发展的高级形态，卫星通信、导航、遥感等功能一体化运行，打破了传统通信、导航、遥感卫星系统各自成体系孤立发展的局面，实现了各类天基信息的自由流动和按需服务，其应用服务系统也有了更深层次的内涵和外延。天地一体化信息网络应用服务系统的特点是网络化、融合化与智能化，通过类型丰富的用户终端、功能强大的应用信息节点、广域安全的通信网络，实现信息获取、处理、传输在网络环境的协同运行，并通过天地一体化信息网络的自身资源及用户终端直接向用户提供按需服务。

2.4.2　功能

天地一体化信息网络应用服务系统围绕"通信、数据、服务、用户"四大核心要素构建，以应用服务需求为牵引，以共用基础设施为依托，以统筹服务应用、汇聚服务资源为主线，完成天地一体化信息网络的应用服务任务。它的基本功能是：统筹各类通信、数据、计算、服务等天地资源，实现天基信息的需求统一筹划、资源统一调度、信息统一服务，为各类用户提供在线、多元、透明、一站式的网络服务。天地一体化信息网络在广义概念上是一个包含了通信、组网、服务等多个层面综合信息的系统，其应用服务功能必须从基本通信业务功能与网络信息体系功能两个方面来理解。

在基本通信业务方面，天地一体化信息网络的业务侧重用户节点所需的组网与数据传输通信，根据应用场景的不同需求，主要包括以下 4 类业务。

（1）移动通信业务

移动通信业务指利用卫星的 L/S 等频段移动通信载荷，实现地表用户手持、便携、车载、船载、铁路、航空等移动用户的通信业务，其具体服务形式包括语音、短消息与窄带数据。移动通信业务的用户群体主要为公共安全、应急救灾、交通、民政、林业、渔业等政府和行业用户，以及大量的企业与个人用户。

（2）宽带接入业务

宽带接入业务指利用卫星的 Ku/Ka 等频段宽带通信载荷，实现地表固定、便携、车载、船载、铁路、航空等宽带用户通信业务，其具体服务形式包括互联网接入、IP 语音、宽带数据、高清视频等。宽带接入业务的用户群体主要为政府和行业用户、驻外企业、电信与网络运营商以及部分个人用户。

（3）天基中继业务

天基中继业务指利用卫星的激光及微波中继载荷，实现航天器、地表特殊用户高带宽全球数据回传业务。天基中继业务的用户群体主要为政府行业部门的资源卫星、环境减灾卫星、极轨气象卫星以及各类商用遥感卫星。

（4）天基物联业务

天基物联业务指利用卫星物联网通信载荷，实现陆地、海洋、极区、荒漠等地表区域的窄带数据感知和传输，与地面物联网共同构成全球无缝的万物互联业务。天基物联业务的用户群体主要为海洋、地质、应急、气象等部门布设的监测单元与站点，交通运输与物流体系对运输载体、集装箱、货物信息的实时监测，森林火灾监测、野生动物等自然资源的野外监测，电力能源行业的远程数据采集和监测以及部分特殊用户的物联专网等。

在网络信息体系方面，天地一体化信息网络的服务侧重涵盖各要素、全链路的系统应用功能，主要包括链路、数据、服务与应用 4 个层面。

（1）联网通链路

联网通链路是应用服务的基础。要实现天地一体化信息网络的应用服务，其基础条件就是将用户节点通过网络架构进行连通，使之成为一个能够在统一协议框架下通信交互的体系。

（2）共享汇数据

共享汇数据是应用服务的特色。数据是天地一体化信息网络一切应用服务活动承载的主体，实现数据的共享、汇聚与安全有序流动是实现网络综合服务的主要任务，也是天地一体化信息网络与一般的通信、导航、遥感应用的主要区别。

（3）组云聚服务

组云聚服务是应用服务的关键。天地一体化信息网络应用服务系统遵循科学的体系架构，实现网络、数据、服务与应用的解耦是架构的核心思想。服务的通用化、服务的云化、服务的可汇聚性是构建天地一体化信息网络应用服务系统的关键。

（4）前端统应用

前端统应用是应用服务的重点，应用端是任何应用服务系统的重点与核心内容，是航天应用服务系统与最终用户之间的"最后一米"，是体现应用效能的前端系统。天地一体化信息网络用户端的发展，在"统型、统应用"的基础上提供"定制应用"，提升用户的个性化服务满意度，降低用户应用的服务成本、缩短用户应用的开发周期。

2.4.3　组成

基于网络化服务体系的理念，天地一体化信息网络应用服务系统遵循先进的网络信息架构，以综合服务节点与用户终端为重点，体系开放，层次分明、功能完备。应用服务系统由地面信息港、应用网络、用户终端等组成，主要包括用户统一服务、需求筹划、资源管理、数据管理、综合信息服务、终端应用、支撑保障等子系统以及共用设施与基础设施（具体见第 3 章 3.5 节）。

| 2.5　安全防护 |

2.5.1　概念

信息安全防护主要指在信息产生、传输、处理和存储过程中所进行的有效管理和控制，使信息不被泄露或破坏，确保信息的可用性、机密性、完整性和不可否认性，并保证信息系统的可靠性和可控性。信息安全防护包括如下内容。

第一，实体安全，即对系统中设备、设施和各种信息载体实施保护措施，使其避免遭受自然灾害、人为事故和不良环境因素的破坏。

第二，数据安全，即信息内容的安全与保密，防止系统中信息内容被非授权获取，或泄露、更改、破坏，或被非系统辨识、控制和否认。数据安全包括信息的机密性、完整性、真实性、可用性、不可否认性等。

（1）机密性

机密性指保证特定的信息不会泄露给未经授权的用户。敏感信息在网络中传输时必须确保机密性，否则一旦信息被敌方或恶意用户捕获，后果将不堪设想。在空间网络应用必须防止空间系统中敏感信息的泄露。敏感信息主要包括卫星网络内部、卫星网络与地面信关站之间、卫星网络与用户终端之间、地面信关站之间内部传输的数据。机密性问题的解决需要综合利用加密、认证和密钥管理等安全机制。

（2）完整性

完整性保证信息在发送和接收过程中不会被中断和恶意篡改，从而保证节点接收的信息与发送的信息完全一致。完整性机制主要用于抵抗攻击者的重放攻击和对通信数据的篡改，也可以防止部分恶意程序的攻击。如果没有完整性保护，网络中的恶意攻击或无线信道干扰都可能使信息遭受破坏，从而使信息变得无效，严重时可能损坏系统的功能或降低系统的性能。此外，还需要考虑存储在网络和节点设备中的数据的完整性，防止数据被非法篡改。

（3）真实性

真实性主要用于抵抗非授权用户的欺骗攻击，保证网络节点或子网接收的数据都来自合法用户。每个节点需要能够确认与其通信的节点身份，实施对节点身份的认证。认证服务能够验证实体标识的合法性，未经认证的实体和通信数据都是不可信的。如果没有认证，攻击者很容易冒充某一合法节点，从而获取重要的资源和信息，并干扰其他正常节点的通信。认证只负责证明节点的身份，因此还需要通过授权来决定节点与身份相关的权限，如对某些应用或者数据的访问控制机制。

（4）可用性

可用性指网络即使受到拒绝服务等攻击的威胁，仍然能够在必要时为合法用户提供有效的服务。许多针对空间网络的攻击都以破坏可用性为目的，可能发生在网络的各个协议层次，使合法节点无法获得所需的正常服务。例如，在物理层，攻击者通过发送大量无用数据包干扰通信；在链路层，攻击者长期占用无线链路资源而不释放；在网络层，攻击者篡改路由信息，破坏路由协议的正常运行，或者将流量转移到无效的地址，降低网络的可用性；在应用层，各种网络应用和安全服务也可能受到威胁。因此，需要通过强认证机制来确保通信对端的合法性，还必须使用一定的入侵检测和响应机制来应对可用性的安全威胁。

（5）不可否认性

不可否认性用来确保一个节点不能否认它已经发出的信息，以及不能否认它已经收到的信息。这可通过数字签名等方式实现。

第三，系统运行安全。即采用针对性的管理措施和技术手段，保障系统的正常运行和信息处理过程的安全。

第四，管理安全。即运用法律法令和规章制度及有效的管理手段，确保系统的安全设置、生存和运行。

安全防护是保障信息系统安全可靠运行的重要支撑，天地一体化信息网络作为国家战略性公共信息基础设施，对拓展国家利益、维护国土安全、保障国计民生、促进经济发展具有重大意义，是我国信息网络实现信息全球覆盖、宽带传输、广泛互联的必由之路，其安全保障意义更为突出。

天地一体化信息网络安全防护系统需分析网络面临的安全威胁，瞄准安全需求，设计与网络融合的安全防护体系架构、技术体系、功能体系、装备体系、协议体系，并与天地一体化信息网络同步规划、同步建设、同步运行。

2.5.2　功能

按照"需求牵引、前瞻引领、深度融合、异构联动、链条演进"的指导原则，针对天地一体化信息网络异构、网络多域互联、安全防护能力差异、安全服务需求多样、应用场景复杂等特点和应用需求，可采用自顶向下的研究方法，抽象归纳技术需求，突破应用场景驱动的服务意图分析与预测、多角色差异化实体跨域认证、天地一体化信息网络组网认证与接入鉴权、支持性能线性增长的密码计算、抗隐蔽通道的安全隔离、可重构的高性能密码服务计算架构、内嵌式深度精准感知、轻量级星载测控密码服务体系、多算法多 IP 核运算状态同步与随机交叉调度等关键技术，研制天地一体化信息网络安全防护系统，为天地一体化信息网络提供接入安全、传输安全、数据安全、边界安全、管控安全、态势感知与处置安全等防护能力，构建动态可重构的一体化纵/横协同安全防护体系。

（1）接入安全

实现用户终端、节点的接入认证和动态授权，确保合法用户正常入网，非法用户拒绝入网，保障天地一体化信息网络中主体身份可信，资源和服务受控访问，有效支撑网络可管、可控、可信、可审计。

（2）传输安全

实现用户链路、馈电链路、星间链路等传输管控信息、业务信息、空口信令的机密性和完整性保护，以及信关站地面网络传输保护。

（3）数据安全

实现天地一体化信息网络海量数据存储、敏感数据及数据库安全存储保护。

（4）边界安全

完成地面信关站网络与其他地面网络间以及节点间安全互联、跨域跨系统安全服务，支持互联认证、防火墙、入侵检测、流量清洗、网络审计等典型安全防护功能的虚拟化，实现基于安全策略的动态部署，为提升天地一体化信息网络集约化、高效能的网络边界安全防护能力提供技术支撑。

（5）管控安全

实现对天地一体化信息网络各类安全防护设备的统一管理，提供全网安全监视能力，对网络安全状态实施监控，及时、准确掌握网络安全形势；提供统一的安全状态监管、安全策略管理配置、安全事件分析、安全设备管理、安全策略动态调整等能力，实现对安全防护设备的集中统一管理、策略监察，对安全事件进行分析、告警、处置等功能。

（6）态势感知与处置安全

完成全网安全态势采集与汇聚、威胁感知与态势分析、威胁处置，并通过态势可视化技术，多角度、全方位统一呈现天地一体化信息网络的安全态势，实现采集全网覆盖、汇聚多源融合、态势全局掌控、威胁有效阻断。

2.5.3　组成

天地一体化信息网络安全防护系统按照"前瞻引领、先进完备，适度防护、集约高效，自主可控、性能适用，统筹规划、衔接演进"的思路，采用"体系弹性、安全内生、动态赋能"的理念，强化通信与安全防护的一体化融合设计，突破跨域组网认证与接入鉴权、多安全等级的差异化网络安全互联、千万级并发的高性能密码按需服务、大时空尺度下异构网络安全风险动态度量、内嵌式威胁深度精准感知与全网智能联动处置、跨安全域的身份统一认证、安全防护设备动态重构等关键技术，将安全防护功能嵌入终端、网络节点、业务系统、应用系统中，实现终端可信接入、信息安全传输、组网动态可控、资源可靠重构、数据安全存储、态势精准感知、入侵及时发现、事件协同处置、能力动态赋能，构建柔性可重构一体化纵横协同的动态赋能安全防护技术体系。天地一体化信息网络安全防护系统的体系架构如图2-6所示。

天地一体化信息网络安全防护系统主要由安全管控、安全态势感知、安全支撑、接入安全、链路安全、网络安全、系统安全、应用安全组成。安全防护系统以安全支撑为基础，将安全功能和安全服务融入网络的接入层、链路层、网络层、系统层、应用层，并通过安全管控、安全态势感知实现全网统一管控、风险预测、威胁监测、统一处置、快速响应，形成纵/横协同、动态防御的安全防护体系。

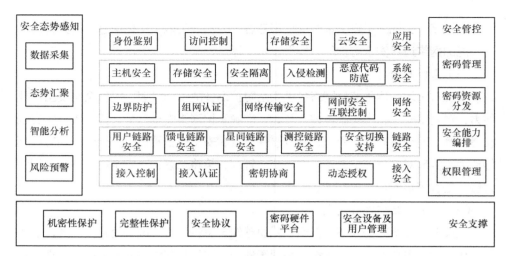

图 2-6　天地一体化信息网络安全防护系统的体系架构

安全支撑子系统主要为系统提供信息机密性和完整性保护、安全协议、安全设备及用户管理等基础型服务；安全态势感知子系统主要完成运行状态、运行日志、关键流量和安全事件等各类数据采集、态势汇聚、智能分析及风险预警；安全管控子系统主要完成安全能力编排、权限管理以及密码管理与密码资源分发。

接入安全主要完成各类终端接入控制、接入认证、动态授权以及密钥协商；链路安全主要完成用户链路、馈电链路、星间链路、测控链路安全传输保护，并支持安全切换；网络安全主要完成信关站间地面组网认证、网络传输安全、边界防护、网间安全互联控制等功能；系统安全主要提供入侵检测、安全隔离、主机安全、存储安全等服务；应用安全主要提供用户身份鉴别、访问控制及存储安全等安全服务。

| 2.6　运维管控 |

2.6.1　概念

运维管控系统是天地一体化信息网络的管理控制中枢，贯穿网络传输、网络服务和领域应用等多个功能域，涉及整个天地一体化信息网络的管理、控制、运营、维护等诸多方面。它的管理控制对象包括实体和资源两大类。实体涉及高、低轨卫星星座及星上载荷、地面站（包括测控站和信关站）及站内设备、通信网络设备，以及陆、海、空、天各类用户终端等；资源包括带宽、频率、功率、波束、计算、存储等物理资源和地址、号码、标识等逻辑资源。

运维管控系统担负着天地一体化信息网络的星地协同管控、资源统筹规划、网络综合管理和系统高效运营等职能。针对天地一体化信息网络中多卫星资源、多业务类型、多通信网络的复杂应用环境，实施网络资源的统一管理、合理分配和协调使用，集成卫星测控和业务管理功能，对整个网络的运行状态、资源使用情况、干扰威胁状况进行全方位的实时监测与控制，为系统资源调度、工作模式切换等提供决策依据，提高网络运行管理与决策的科学化、自动化、智能化水平。

2.6.2　功能

运维管控系统的主要功能包括卫星管理、地面设备管理、网络管理、业务管理、资源管理、运营管理和系统综合管理等。

（1）卫星管理功能

实现对卫星平台和载荷的在轨长期管理，包括卫星入/退网管理、卫星状态监视、遥测遥控、轨道确定、星座构型与轨位保持、卫星健康管理和应急处理。

（2）地面设备管理功能

主要以分级分类的方式，完成对地面站及其设备的远程统一管理，包括地面站的入/退网管理、设备远程控制与标校、设备状态监视和健康状态管理等。

（3）网络管理功能

包括网络的动态拓扑规划；星间、星地、地面等多种链路的管理控制；天基和地基路由交换的统一规划和管理；网络设备的工作参数设置、采集、校验和优化调整；网络故障的检测、告警、隔离、诊断与恢复；网络性能参数的收集、分析和性能评估等。

（4）业务管理功能

针对移动通信、宽带接入、数据中继、天基管控、导航增强、天基物联等多种业务，按需进行卫星资源和地基设备资源的配置；对终端运行状态和业务运行状态进行监视，对异常业务情况进行告警和处置。

（5）资源管理功能

针对各类用户和任务的服务保障需求，统筹规划天基和地基网络资源，进行资源分配调度。实时监视资源使用情况，进行资源的运行评估与优化。

（6）运营管理功能

面向客户需求，提供业务在线受理、开通、管理以及服务计费、质量反馈等功能；面向运营服务人员提供业务清单管理、需求管理、质量管理等管理功能。

（7）系统综合管理功能

实现天地资源、任务运行、业务运营、数据资源的全景态势生成和综合显示；提供全网任务统一协调、指挥和操作平台；对系统中各类数据进行统一管理；对网络运行效率、服务质量和运营效能进行评估。

2.6.3　组成

天地一体化信息网络运维管控系统由运维管控中心、管控网络（依托星间链路、星地链路和地面站网通信链路组成）和管控代理共同构建，形成统一管控平面，实现对卫星测控、网络管理、设备监控等管控数据的统一采集、分发和路由传输，完成对卫星网络、地面站网和应用服务的管理控制。

1. 运维管控中心

运维管控中心集中实现对天地一体化信息网络的管理、控制、运营和保障。如图 2-7 所示，可分为卫星测控、设备运维、业务管理、资源管理、综合管理、网络管理、运营服务和运行支撑等子系统。

卫星测控子系统对天基节点进行监视和控制，完成星座的构型管理、单颗卫星运行监视与控制、卫星轨道控制计算、卫星健康管理以及卫星在轨测试等任务。该子系统实时接收、解析和处理卫星遥测信息，监视卫星平台/载荷运行状态；根据业务需求和测控任务，生成卫星平台/载荷遥控指令，完成指令/数据上注，实施卫星控制；基于轨道测量信息，完成卫星轨道、姿态的确定；根据星座保持策略，计算各类控制参数，完成卫星星座构型的保持；支持卫星在轨测试。

设备运维子系统对各地面站的设备运行进行监视和控制，具体包括远程监视各地面站的设备运行状态；根据任务要求，生成各地面站设备配置，并实施设备控制及参数配置；对设备故障进行诊断分析，实现设备健康管理；按需对设备进行测试等日常维护。

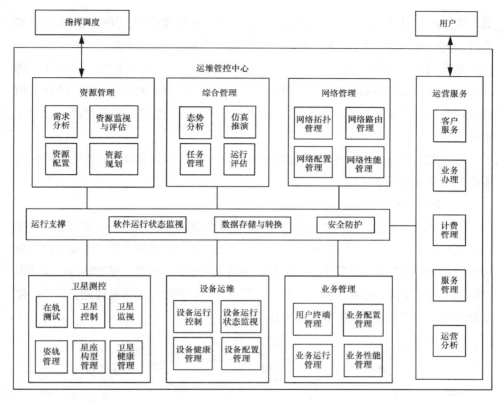

图 2-7 运维管控中心组成结构示意图

业务管理子系统对各类业务网络的运行状态进行监视和控制，具体包括配置管理用户终端并实时监视其运行状态；配置与业务相关的网络参数、卫星参数、地面站设备参数；对业务运行状态和业务运行的资源占用情况进行监视、统计与分析。

资源管理子系统围绕网络任务的高效实施和服务质量保障，统筹用户需求，针对移动通信、宽带接入、数据中继、天基管控等业务，统一规划调度资源，实现资源的按需分配和即时回收，提高资源利用率，保障网络高效运行。

综合管理子系统面向整个网络实现全局管理，通过图形化界面实时显示系统综合态势；根据当前运行状态进行仿真推演；统一进行各项任务的跟踪与管理；对系统运行状态进行评估。

网络管理子系统支持各类网络、节点、用户的参数配置管理，支持网络运行参数、地面站组网参数、卫星资源参数以及用户参数的配置管理，并分发给相应节点执行。支持网络运行状态监视，汇聚各个通信网络的运行状态数据。

运营服务子系统实现对客户及业务运营情况的管理，响应客户的业务办理请求，核算客户对网络业务的用量和费用，为天地一体化信息网络提供运营分析和建议。运营服务子系统包含客户管理、业务办理、计费管理、服务管理、运营分析等功能。

运行支撑子系统提供中心系统运行所需的软件运行状态监视、数据存储与转换、安全防护等基础功能。

2. 管控网络

管控网络包括测控网和业务控制网两部分（如图 2-8 所示）。测控网由多个测控站互联组成，利用星地测控链路，完成卫星遥控指令及数据上注，卫星遥测信息接收、卫星轨道参数测量等工作。业务控制网由星地馈电链路、星间链路以及地面站网通信链路组成，连接天基、地基网络节点，形成管控信息传输通道，用于传输测控数据、网络配置和网络状态等管控信息。

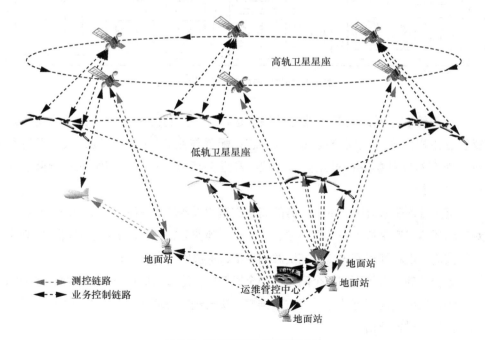

图 2-8 管控网络组成结构示意图

3. 管控代理

管控代理部署在星上和地面站设备上，是运维管控中心依托管控网络进行扁平化、网络化管控的承载实体，与运维管控中心共同实现星地协同管控。管控代理接收运维管控中心的任务要求及远程控制命令，对星上载荷和地面站设备状态进行查询和参数配置管理，采集分发星上载荷和地面站设备的运行状态信息。

| 参考文献 |

[1] 吴曼青. 关于天地一体化信息网络发展的考虑[C]//天地一体化信息网络高峰论坛论文集, 2013: 72-79.

[2] 吴巍, 秦鹏, 冯旭, 等. 关于天地一体化信息网络发展建设的思考[J]. 电信科学, 2017, 33(12): 3-9.

[3] 汪春霆, 等. 天地一体化信息网络架构与技术[M]. 北京: 人民邮电出版社, 2021.

[4] 闵士权, 刘光明, 陈兵. 天地一体化信息网络[M]. 北京: 电子工业出版社, 2020.

[5] 吴巍. 天地一体化信息网络发展综述[J]. 天地一体化信息网络, 2020, 1(1): 1-16.

[6] 周彬, 郑作亚, 仇林遥, 等. 地面信息港内涵外延研究[J]. 天地一体化信息网络, 2020, 1(1): 85-89.

[7] 张乃通, 赵康健, 刘功亮. 对建设我国"天地一体化信息网络"的思考[J]. 中国电子科学研究院学报, 2015, 10(3): 223-230.

[8] 中华人民共和国国民经济和社会发展第十三个五年规划纲要[EB].2016.

[9] 沈荣骏. 我国天地一体化航天互联网构想[J]. 中国工程科学, 2006, 8(10): 19-30.

[10] 闵士权. 我国天基综合信息网构想[J]. 航天器工程, 2013, 22(5): 1-14.

[11] 唐飞龙, 徐明伟, 李克秋, 等. 软件定义的天地一体化信息网络[J]. 中国计算机学会通讯, 2018, 14(3): 63-67.

[12] 汪春霆, 翟立君, 李宁, 等. 关于天地一体化信息网络典型应用示范的思考[J]. 电信科学, 2017, 33(12): 36-42.

第 3 章

应用服务系统

本章在天地一体化信息网络系统基础上，介绍了天地一体化信息网络应用服务系统的主要任务、系统要求、系统能力要求及设计的原则，分析了设计思路和设计技术体系，介绍了应用服务系统体系架构、系统组成、应用终端和地面信息港，以及应用系统与天地一体化信息网络的接口关系。通过阅读本章，读者可以对应用服务系统有整体的了解。

| 3.1　系统任务 |

　　天地一体化信息网络在功能实现上，按照"网络一体化、功能服务化、应用组合化"的思路，采用软件定义网络、服务化定制等新技术，划分为网络基础设施、应用服务与行业应用 3 个层次。其中，应用服务在分布式云平台支撑下，按照"资源虚拟、云端协同"的机制，将陆海空天分布的信息资源向地基节点网聚合，并以多中心联合的形式提供网络通信、数据分发、导航增强、天基管控、天基物联、星基监视等应用服务，形成逻辑一体的应用服务体系。

　　应用服务系统的工作任务包括需求论证、系统总体、应用服务系统建设、典型应用示范、应用推广和关键技术攻关等。各方面工作内容如图 3-1 所示。

　　应用服务系统作为上联用户需求、下联网络资源管理的系统，将用户需求转化为运维管控系统可识别的任务，通过天地网络运营，为用户提供服务，并进行服务质量控制等。

　　首先通过与用户对接，了解用户应用环境、装备条件和任务目标，准确把握用户需求；在明确任务需求的基础上，通过任务分解、资源需求分析等，对卫星资源、频谱资源、终端能力部署等进行综合设计规划，为用户任务提供资源调配清单和任务实施计划；任务实施阶段，严格按照实施计划和操作规范，进行资源动态调整，组织开展任务实施；在实施过程中，对系统资源、卫星状态、服务质量等进行实时

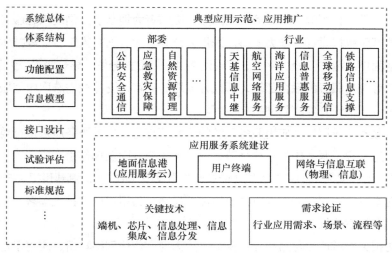

图 3-1　应用服务系统五大任务

监控，为服务质量评估提供数据支撑，对任务完成情况、效能、体系贡献率等做出评价，给出问题或服务保障分析与建议，为系统优化服务、能力提升提供基础保障。其基本任务包括需求接收、任务筹划、任务组织实施、服务质量评估等，如图 3-2 所示。

图 3-2　应用服务的基本任务

这些基本任务解释如下。

（1）需求接收：用户直接通过应用服务系统的专业运维节点提交需求（如通信需求、数据传输需求、定位导航需求等）。

（2）任务筹划：应用服务系统的专业运维节点获知用户需求后，通过地基节点网接口，将其传送给运维管理节点以进行任务的全流程规划，包括用户管理、业务管理、费用结算等。

（3）任务组织实施：应用服务系统的专业运维节点可根据应用需求向地基节点网的运维管理节点申请调配资源（包括计算资源、存储资源、传输资源等），突出资源汇聚、按需服务。应用服务系统的运维节点通过统一的界面向用户提供云计算、云存储、大数据分析等功能服务，实际服务提供者为地基节点网的信息服务节点、用户的典型示范提供计算能力支持。采用云计算、大数据、人工智能等技术，构建分布式地面信息港和云服务平台，实现网络通信、数据分发、导航增强、天基物联、星基监视等应用服务的融合部署，形成开放服务环境，支持按需选取应用服务与本地应用组合，实现智能高效网络化应用。

（4）服务质量评估：应用服务系统的运维节点为用户的服务质量进行监控及质量评估，这是应用服务中的重要环节，在以下 3 个方面发挥作用。

- 对天地一体化信息网络性能功能指标给出反馈评估，为后续建设提供修改依据。
- 对本行业应用效能提高方法给出评估反馈，为用户后续扩大部署、完善应用模式提供依据。
- 对相关领域产业化给出评估反馈，为天地一体化网络科研、应用示范以及产业化推广提供技术与决策依据。

以天基接入网应用服务为例，应用服务过程如图 3-3 所示。

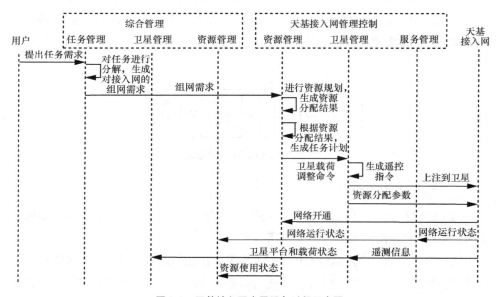

图 3-3　天基接入网应用服务过程示意图

步骤 1　用户通过综合管理系统提出任务需求。

步骤 2　综合管理系统通过对任务进行分解，生成对接入网的组网需求，如接入卫星、组网方式等。

步骤 3 综合管理系统向天基接入网管理控制系统发送组网需求，提出接入网组网服务请求。

步骤 4 天基接入网管理控制系统资源管理子系统接收综合管理的组网服务请求后，按照组网需求及当前接入网资源状态等约束，进行资源规划，生成资源分配结果。

步骤 5 天基接入网管理控制系统资源管理子系统根据资源分配结果，生成配置接入网工作参数的网络配置任务计划。

步骤 6 资源管理子系统按照资源分配结果，生成任务计划，并将卫星载荷调整命令分发给卫星管理子系统。

步骤 7 天基接入网管理控制系统卫星管理子系统根据卫星载荷调整命令，生成对低轨卫星载荷控制的遥控指令。

步骤 8 卫星管理子系统适时将生成的卫星载荷调整遥控指令上注到低轨卫星，由卫星进行载荷工作参数的调整。

步骤 9 卫星管理子系统使用资源管理子系统分配的卫星资源，进行接入网用户资源动态分配，并将接入网工作参数发送给网络用户，调整接入网工作参数。

步骤 10 天基接入网将网络开通结果返回资源管理子系统，完成接入网开通。

步骤 11 接入网开通完成后，接入网业务管理子系统监视接入网运行状态，并将天基接入网运行状态上报综合管理系统。

步骤 12 接入网开通后，卫星管理子系统通过接入网接收卫星遥测信息，监视卫星平台和载荷状态，并将卫星平台和载荷状态上报综合管理系统。

步骤 13 接入网开通后，资源管理子系统实时将天基资源使用状态上报综合管理系统。

用户卫星终端的入网过程如图 3-4 所示。卫星终端设备开机后，首先在公共控制信道接收网络参数信息，在获取入网信息后向网管中心发送入网注册、认证等信息，等待网管中心应答。网管中心检查卫星终端的身份认证信息是否有效。若是，则允许终端入网，并进行全网通告；否则，拒绝终端入网。终端入网后，周期性发送探测信息，网管中心保持其在线状态。若在一定时间内网管中心未收到终端的探测信息，则判定该用户终端退网并进行全网通告。

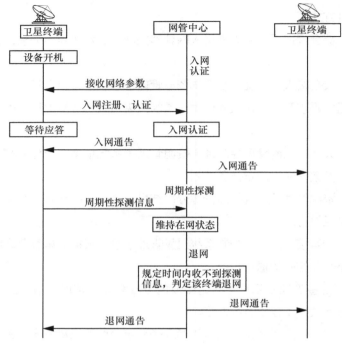

图 3-4　用户卫星终端的入网过程

| 3.2　系统要求 |

3.2.1　全球覆盖

从卫星应用服务的发展历程看,其服务范围经历了从区域到全球的变革。即使全球覆盖,其内涵也从地表覆盖(高纬度地区除外)延伸到空天海等近地区域,再到目前的跨越地理边界的区域。

对天地一体化的应用服务来说,应提供具备贯穿海洋远边疆、太空高边疆、网络新边疆特点的应用服务,先期实现"一带一路"全球重点经济区域,国内地面网络盲区、极地等覆盖。系统建成时,形成全球覆盖的综合信息保障体系,为全球范围内的用户提供高速、全时、无缝的接入服务,实现跨越地理边界的信息传输与分发服务,满足经济社会发展的需求。

其中，实现对空间用户（含卫星、空间站及航天员等）的全域接入能力。中继卫星的轨道一般采用地球静止轨道（GEO），具有实时性好和轨道覆盖率高等突出优点，是实现应用服务全球覆盖的首选方案。以遥感卫星为例，通过打通遥感卫星到天地一体化高轨卫星（运行在地球静止轨道）再到地面接收站的数据中继高速传输链路，实现将遥感卫星采集的遥感数据高速、实时回传，极大提高了此类低轨卫星数据的传输效率，提升了卫星的使用效能，满足应急抢险与偏远用户对遥感数据的接收需求；探寻利用低轨星座接入用户的技术，提高空间用户接入的用户数量。同时，移动互联网、物联网、人工智能、云计算、大数据等新技术与新业务的进一步爆发增长，将会推动人类社会进入智能万物互联的全新信息时代。

天地一体化信息网络按照统一的体系结构、技术体制和标准规范构建，通过优化网络体系结构，统一网络协议体系，建立一体化的传输与路由、接入与控制、安全与防护、运维与管理机制，把太空、空中、陆地、海洋的网络整合为一体，实现多层次联合组网，最终形成国家信息基础设施。

3.2.2　随遇接入

随遇接入指被服务对象进入服务范围内，可通过任何一条用户可用链路内嵌入的信令信道请求服务；身份认证后自行实现高效、易于获取的自动化服务。

以现有通信业务的随遇接入为例，在当前网络下，单模终端或者节点只具备一种网络接入能力，若离开该网络的覆盖范围，终端无法接入其他网络，资源利用率极为低下，网络配置效率较低。特别是高动态性的节点或用户，其可能随时加入或者离开单个网络覆盖下的区域。建立全球的动态随遇接入网络，可以从网络结构上为实现全球任意地点、不同需求的终端提供稳定可靠的接入环境。终端能够根据网络环境实时切换并接入网络进行通信，保证网络的通信质量，提升网络接入的便捷性和灵活性。

天地一体化的随遇接入应具备为个人、载体等移动用户提供随用随接入的全时全域常态化的网络服务能力，为用户提供一致性服务体验和较强的服务质量保障，满足多用户、多终端的动态接入和退出请求，实现灵活的接入，满足用户的多样化任务需求。重点建设面向高机动目标的动态随遇接入通信网络，满足机动终端随时接入的通信需求，构建单用户连接空间信息网络的能力，打通多异构网络多类终端之间互联互通道路，架设多传感信息融合的数据传输、各平台的无缝对接、各信息系统互通的桥梁。实现按数据量、实时性、业务优先级等要求自适应调整网络和通信参数，保证相应的网络服务质量。多源异构终端的随遇接入需要整合系统的频谱资源，建立健全多种网络接入机制，突破智能化频谱感知和信道动态切换等技术，保障随遇接入节点在受干扰情况下的安全接入。

3.2.3 按需服务

按需服务即云计算定义中提到的"向用户提供按需服务"。云计算（Cloud Computing）在 2006 年由美国 Google 公司提出，它的应用与推广不亚于 20 世纪计算机的发明，给社会带来了革命性的变化。云计算是一种基于互联网的计算方式，通过这种方式，共享的软/硬件资源和信息可以按需提供给计算机和其他设备。"云"其实是网络、互联网的一种比喻说法。云计算的核心思想，是将大量用网络连接的计算资源统一管理和调度，构成一个计算资源池，向用户提供按需服务。提供资源的网络被称为"云"。

下面以"云政府"为例说明何为按需服务。云政府指涵盖政府所有功能、职能体系的服务资源网络，其以计算机的快速网络为平台，集成政府所有的服务职能，是一种动态的、易扩展的，且通过互联网提供虚拟化的政府资源服务方式，是所有电子政务与电子政府集成化后更高层次的服务模式，公民可以通过网络随时获取，按需使用，随时扩展，按使用付费，真正做到美国行政学家拉塞尔·林登提出的"无缝隙政府"（Seamless Government）服务方式。由林登提出的"无缝隙政府"的概念，也可以称为"无界线的政府"，指政府打破已有的传统的部门界限和功能分割的局面，整合政府内部所有资源（如部门、人员），以统一的界面为公众提供优质高效的信息和服务。

云政府具有以下 5 个特点，其中，最为重要的是对公民提供可扩展的、按需索取的服务方式。

（1）超大规模的服务功能

"云"具有相当大的规模，阿里云在全球 22 个地域部署了上百万个数据中心，服务器的总规模数已经接近 200 万台，云政府将成为包罗万象的网络政府服务体系，并具有前所未有的服务能力。

（2）虚拟化服务提供者

云政府支持用户在任意位置使用各种终端获取应用服务。所请求的资源来自

"云"，而不是固定的有形实体。应用在"云"中某处运行，实际用户无须了解、也不用担心应用运行的具体位置。只需要一台笔记本计算机或者一部手机，就可以通过网络服务实现需求，甚至包括类似超级计算的任务。

（3）高可靠性和通用性

"云"使用数据多副本容错、计算节点同构可互换等措施保障服务的高可靠性，使用"云"比使用本地计算机可靠。另外，云计算不针对特定的应用，在"云"的支撑下可以构造千变万化的应用，同一个"云"可以同时支撑不同的应用运行，因此云政府可以满足不同的客户需求，具有共用性和通用性。

（4）弹性扩展性

云架构的突出特点之一是具有弹性可扩展性。云架构将原本分散在各个功能子系统的服务器、网络和存储等硬件平台资源重新整合，根据应用需求，为其分配基础设施资源，同时通过资源灵活释放与动态申请，构建了资源的弹性生态，提升了整个系统的利用效率。

（5）按需服务

"云"是一个庞大的资源池，可以按需购买服务；免去用户繁重的系统构建与维护负担。

按照"资源广域汇聚、云端协同处理、天地融合服务"的思路，采用云计算、边缘计算、时空大数据处理等技术，在分布式云平台支撑下实现空天地海各传感器数据或用户信息资源向地基节点邻近部署的地面信息港动态聚合，形成全网共享"数据池"和"服务云"，联合构建天地一体的应用服务体系，为各类用户提供时空数据、统一通信、导航增强、天基物联等多样化应用服务，支持资源注册发布、数据快速引接和服务访问请求、服务访问授权、服务远程调用、数据传输分发等应用服务流程，为应急、航空、海事、公众等领域应用提供支撑。

应突出资源汇聚、按需服务，实现应用服务融合部署，形成开放的服务环境，支持按需选取应用服务与本地应用组合，实现智能高效网络化应用。

3.2.4　安全可信

安全高效运行是天地一体化信息网络的基本要求。一方面，网络节点分布在空天地海不同时空域，规模庞大、结构复杂，面临用户身份不可信、网络地址易伪造、系统服务不可控、通信易受攻击、信息易被篡改等问题，同时如果存在核心技术、基础软件、关键器件及设备对外依存度高的情况，安全隐患比较突出。另一方面，天地一体化信息网络融合天基信息网、地面互联网、移动通信网等异构网系，工作模式多样，技术体制和协议不统一，运维管理机制不协调，一体化管控面临巨大挑战。因此，构建基于密码技术的安全可信、可管可控的天地一体化信息网络，需要攻关研制核心网络设备，解决抗干扰防侦听无线传输、面向不确定威胁的动态灵活安全防护、异质多维网络资源感知与智能管控等问题。

针对天基网络抗毁伤、抗干扰、抗攻击等需求，按照"体系弹性、内生安全"的思路，强化物理安全和网络安全一体设计，采用弹性分散空间体系架构和新型抗干扰波形、频谱认知无线电等技术。同时，将安全与密码防护功能嵌入网络节点、服务节点、应用系统，实现加密传输、真实地址验证、可信身份认证、违规行为识别、入侵行为检测、跨域访问控制、安全动态赋能等功能，形成协同联动的内生式综合安全防护体系。

在技术体制上，采用内生式安全拟态防御、柔性可重构动态赋能、安全态势轻量化感知、可重构密码处理、统一认证与动态授权等技术，实现网络传输安全保密、节点互联安全可信、用户接入安全可控、域间互联控制隔离和安全态势实时感知，具备多层次、内生式综合安全防护管控能力。

| 3.3 能力要求 |

基于上述天地一体化应用服务的基本任务和要求，应用服务系统应具备对各类需求的统一筹划能力，对通信、数据、计算、服务等各类天地资源的统一调度能力，以及为各类用户提供在线、多元、透明、一站式的网络服务能力。

1. 统一筹划能力

该能力指根据需求统一筹划资源的建设类型、数量及其所拥有的能力等，在统一筹划过程中最为重要的是全面、准确地估量对资源的需求，对符合各用户使用习惯和要求的资源进行虚拟化描述，对虚拟化资源管理进行统一化、动态化及智能化，内容主要包括资源建设、部署、关联、调度及安全等方面。

在应用实施的过程中，筹划人员根据当前用户所具备的能力筹划如何将其运用得更好，使其效能发挥到最大。随着应用服务系统建设的不断发展，资源的使用方式将由"按能思用"转变为"按需索能"。筹划人员或用户根据自身需求可以便捷、快速地获取相关资源，不再局限自身所属的资源思考如何将效能最大化，而是着眼全局、面向任务思考，有效地完成任务需要何种资源并如何运用。在应用实施的过程中，应用服务系统甚至可以根据当前态势，预测服务发展趋势并向筹划人员或用户主动推送可用资源信息，实现用户间的"自协同"。

2. 统一调度能力

该能力指通过分布式计算技术对各类资源所获取的状态信息、将可用资源当前状态及资源内部信息等海量数据进行关联分析及趋势预测，并利用负载均衡技术对作战资源进行按需推送。

它能够将大量分散的资源迅速聚合，形成一个完整的资源网络，并按照当前态势需求进行资源重组、调度、部署及释放，有效实现零散、小型、模块化资源的快速聚合、集中释能。

天地一体化信息网络的卫星传输网络统一资源调度涉及以下方面内容：用户/任务需求描述、卫星资源匹配约束分析、资源冲突调度等。用户/任务需求描述主要针对多样化测控、运控及应用任务需求进行抽象，提炼不同类别任务的共同特征，建立统一的任务需求描述；卫星资源匹配约束分析的目的是构建用户/任务要求和资源需求之间的规则，利用该规则可以自动实现任务需求到资源需求的转换，根据资源需求和总资源池的使用状态即可为用户/任务分配资源。任务资源冲突调度的背景是随着航天事业的发展，在轨运行的通信卫星数目越来越多，资源更加丰富，但仍然不能够满足迅速增长的通信需求。在该背景下，需要对不同级别的航天测控、运控、应用任务进行综合规划，对存在资源冲突的任务进行合理调度，实现在有限卫星资源前提下，最大限度地满足不同级别通信传输需求，发挥卫星资源应用效能。

（1）用户任务资源匹配约束

用户任务基本要素包括任务编号、任务名称、任务优先级、任务区域、任务带宽需求、任务使用频率、任务移动性、开始时间和结束时间、通信节点信息、通信业务类型、抗干扰模式、业务传输体制及天气信息等。通过任务和卫星传输资源的匹配可以获得符合条件的卫星资源；在符合条件的卫星资源下，通过任务和波速资源的匹配可以获得符合条件的波束资源；在符合条件的卫星资源、波束资源条件下，通过任务和网系资源的匹配可以获得符合条件的网系资源；在符合条件的卫星资源、波束资源、网系资源条件下，通过任务和地面站资源的匹配可以获得符合条件的地面站资源。用户任务和网络资源的匹配流程如图 3-5 所示。

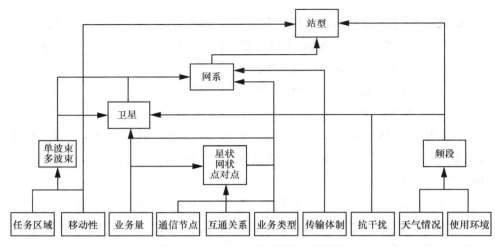

图 3-5　用户任务和网络资源的匹配流程

（2）面向用户任务的资源调度

资源调度是网络资源高效利用的核心，在任务特性、卫星有效载荷、地面资源等多种约束条件下，完成卫星、波束、网系、地面站资源的优化配置。资源冲突调度对充分利用星地资源、最大限度地发挥系统应用效能、提高应用系统运行效率等都具有至关重要的作用。

用户终端按需资源分配的流程如图 3-6 所示。用户应用网络的各通信信关站点入网成功后，根据业务的类型和数量，按需向网管中心申请所需的信道资源，网管中心根据网络资源的整体使用情况，为主/被叫两端优化分配相应的通信资源，同时将资源分配结果通告通信双方。通信完成后，网管中心将分配的资源收回，以便分配给其他用户。

3. 网络服务能力

网络服务能力指将资源层的各种资源封装成相应的网络层服务提供给用户的能力集。通过天地一体化信息网络广覆盖、低时延的接入节点，用户可实现以任意方式接入通信网络，体现了天地一体化信息网络的在线特征。需要指出的是，由于用户的优先级及安全需求不同，面向不同的对象、在不同的时间及不同安全条件下，将提供不同的服务，呈现了天地一体化信息网络的多元特征。对用户而言，无须关注天地一体化信息网络内部的任务筹划及资源调度，只需要向应用服务系统提出需求，便可获得一站式服务。

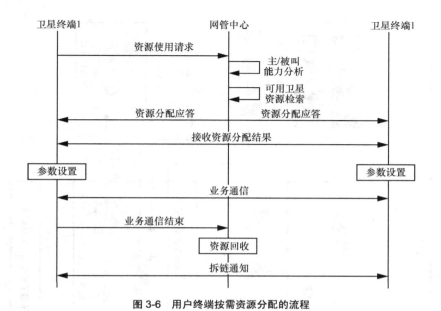

图 3-6　用户终端按需资源分配的流程

| 3.4　设计方法 |

随着科学技术的驱动和应用需求的牵引，航天事业逐渐由最初的科研发展到军事应用，再到目前广泛的民用和商业应用，应用服务体系也在逐渐演进。航天系统属于现代典型的复杂巨系统，具有规模庞大、系统复杂、技术密集、综合性强，以及投资大、周期长、风险大等特点。应用服务系统设计需要充分考虑航天系统的特点，深入挖掘用户需求，同时结合战略与技术需求，对需求进行分析、整合、优化，使系统服务能力与需求完美匹配。通过典型示范应用系统，验证天地一体化信息网络的体系效能。

应用服务系统采用"网-云-端"设计理念，运用网络化服务体系，满足各类用户的应用需求。按照"网络一体化、功能服务化、应用定制化"的思路，采用资源虚拟化、软件定义网络等技术。应用服务系统基于天地一体化信息网络的新型应用模式，在新架构、新技术、新应用方面积累技术成果，实现由通信服务向信息服务的拓展延伸，为加快天地一体化信息网络建设和发展奠定基础，应用服务系统的架构示意图如图 3-7 所示。

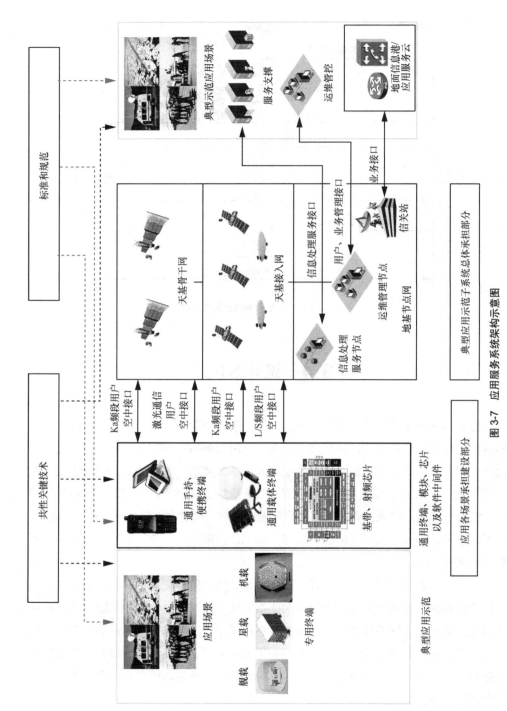

图 3-7　应用服务系统架构示意图

3.4.1　设计原则

天地一体化信息网络的应用服务系统建设实施，需要遵循以下原则。

- 以网络能力为基础。应用服务系统为用户提供与网络相适应的服务能力。必要时，可以开放接入其他外围网络能力共同服务，形成异构或多模态网络融合服务的扩展能力。
- 以用户需求为牵引。应用服务系统需紧贴用户需求，应用场景按照用户真实使用环境与流程来设计。包括服务覆盖、网络服务质量、应用服务安全、环境适应性、绿色环保等要素。
- 以典型应用为抓手。构建典型应用示范系统，在尽量真实的条件下，按照实际流程与全要素开展一定规模的应用示范工作，展现天地一体化信息网络的体系能力。

3.4.2　设计思路

应用服务系统的设计思路如下。

（1）建立统一的应用平台

构建统一的应用云平台，主要是统一技术体制、统一时空基准、统一标准和规范，构建共享环境，形成"全球一张网、全维一体图、全域一基准"。

（2）构建规范的数据体系

为更好地服务于应用，满足各方业务需求，需要构建规范的数据体系，开展基础专业数据处理及数据引接管理。

（3）提供适宜的应用终端

为用户提供型谱、综合、智能、小型化、低成本的终端，形成定制的、泛在的（空中、海洋、地面）终端体系，尽可能为各方用户提供最基本的应用手段，满足基本需求。

（4）提供精准应用服务

需要与用户进行详细需求对接、服务类型汇聚，而后进行专业处理，精准发布、安保配套、可靠运行。

3.4.3　技术体系设计

从技术实现角度，遵循网络信息体系顶层架构和信息系统技术体系框架，按照"分层透明、功能解耦"的思路，将应用服务系统分为资源层、服务层、应用层 3 个层次，使其具备能力可扩展性、功能可重构性。应用服务系统技术体系架构如图 3-8 所示。

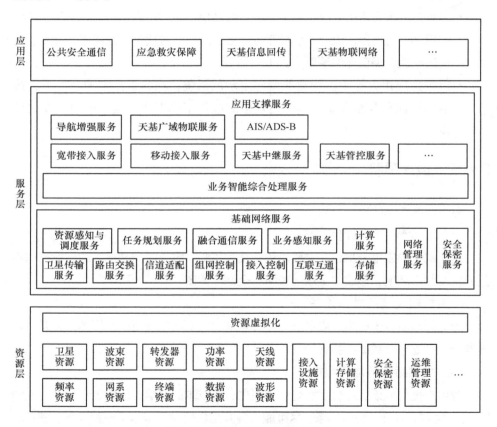

图 3-8　应用服务系统技术体系架构

1. 资源层

资源层主要包括各类卫星资源、波束/转发器资源、频率/功率资源、天线资源、网系资源、终端资源、数据资源、波形资源以及接入设施资源、计算存储资源、安全保密资源、运维管理资源等。采用资源虚拟化技术，屏蔽不同资源的差异，实现资源的统一管理调度与应用，为用户提供各类业务的接入、传输、分发提供基础资源支撑。

其中，卫星资源、波束/转发器资源、频率/功率资源、天线资源、网系资源、终端资源等以构建基础卫星传输环境为目标，基于卫星平台、载荷及地面设备等技术，为各级各类用户提供通信服务硬件支撑。

波形资源以多传输手段综合运用为目标，基于多种可靠传输、高效路由交换、任务波形动态加载等技术，支撑建立随遇接入、按需服务的传输网络，为各级各类用户提供实时、精准、可靠的端到端通信服务保障，主要包含移动、宽带、中继、数据链各类通信波形。

接入设施资源以实现与地面网络接入及互联互通为目标，基于统一接入控制、网络安全隔离等技术，为各类用户提供安全可靠的接入互联硬件支撑。

计算存储资源以实现网络化计算存储为目标，基于虚拟化和云计算等技术，支撑提供网络中心、弹性可伸缩的计算存储能力。同时，为各类基础资源、功能服务和业务应用提供基础设施支撑环境。

安全保密资源以确保信息系统安全运行及信息环路的信息机密性、完整性、鉴别性、可用性、不可抵赖性为目标，基于密码保密、安全防护、认证授权等技术，支撑实现统一认证、等级保护和动态防御等功能。

运维管理资源是支撑系统高效、稳定运行的重要部分，主要为系统管理、网络管理、服务管理、管理协同、故障管理及处置等提供资源支撑。

2. 服务层

服务层通过组织调度各类资源服务，为各类用户提供共性、专用、按需分配的信息服务能力，主要包括对应用层的应用支撑服务和对资源层的基础网络服务。其中，应用支撑服务主要基于面向服务的技术理念，提供业务智能综合处理服务和对上层各类应用的业务适配，包括宽带接入服务、移动接入服务、天基中继服务、天基管控服务等，并利用网络基础服务匹配相应资源，实现对上层各类应用的有效支持。基础网络服务基于资源服务化、软件服务化等技术，封装底层基础资源，支撑提供共性资源服务能力，包括资源感知与调度、任务规划、融合通信、业务感知、卫星传输、路由交换、信道适配、组网控制、接入控制、互联互通、网络管理、安全保密以及计算和存储等服务。

（1）网络传输

在统一的网络协议体系下，采用"分域自治、跨域互联"的机制，确保独立运行和自主演化的天基骨干网、天基接入网、地基节点网等子网协同完成一体化网络路由、端到端信息传输，实现大时空尺度联合组网应用。

其中，在一体化网络路由方面，采用天地一体、多维立体的层次化网络路由结构，实现天基网络高动态路由、天基骨干网与天基接入网融合路由、天基网络与地面网络融合路由。端到端信息传输方面，优化网络传输协议，适应大时空尺度、高动态拓扑等特点，实现异构网络传送融合、网络断续传输优化、天地协同多径传输。

（2）网络服务

在统一的云平台框架下，按照"资源虚拟、云端汇聚"的机制，实现天基分布式信息资源向地面信息港聚合，并以多中心形式联合提供网络与通信、定位导航授时、地理信息等服务，形成"功能分布、逻辑一体"的服务体系。

（3）安全防护

针对天地一体化信息网络的抗毁与抗攻击等需求，按照"弹性体系、内生安全"的思路，强化物理安全和网络安全一体化设计，从体系结构层面建立弹性分散的网络体系，同时形成适应高动态网络特性，并能覆盖网络、服务、应用多层次的网络安全防护体系。

（4）运维管理

突出天地一体运营，结合天地一体化信息网络的特点，建立统一的全网运维管控框架，采用"分级管理、跨域联合"机制，提供运维管理数据采集、态势生成、资源规划、配置管理、效能评估全过程支撑，通过跨域联合管理，生成全网统一运行态势，支持实现全网资源跨域联合调度，为用户提供一体化运维服务。

3. 应用层

应用层通过集成资源层和服务层的服务能力，面向公共安全通信应急救灾保障、天基物联应用航空网络服务等具体应用需求构建应用系统，为用户提供适用、安全、敏捷的通信保障和信息服务。

| 3.5 系统组成 |

基于天地协同网络化服务体系理念，天地一体化信息网络应用服务系统遵循先进的网络信息架构构建，以综合服务节点与用户终端为重点，具有体系开放、层次分明、功能完备等特点。

3.5.1　体系架构

天地一体化信息网络应用服务系统按照"网–云–端"的总体架构构建，其体系架构如图 3-9 所示。基于高轨节点、中低轨节点、地基节点组成一张通信网，按照区域部署具备多源异构信息处理和分发能力的地面信息港，形成数据汇聚、逻辑一体、服务综合的服务云，通过与用户业务系统高度融合的各类终端提供各类应用服务。在体系上形成资源联网、服务入云、应用到端的总体架构。

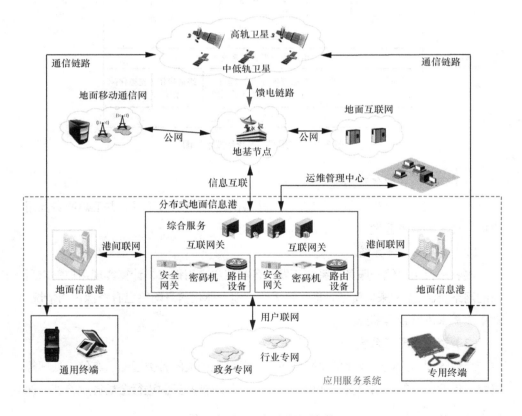

图 3-9　应用服务系统体系架构

3.5.2　系统组成

应用服务系统由应用服务云（地面信息港）、应用网络、用户终端等组成，主要包括用户统一服务、需求筹划、资源管理、数据管理、综合信息服务、终端应用、支撑保障等子系统以及共用设施与基础设施，如图 3-10 所示。

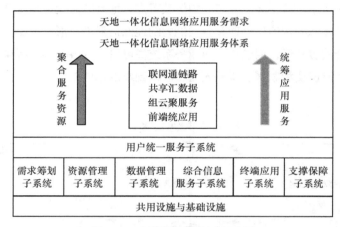

图 3-10　应用服务系统组成示意图

（1）用户统一服务子系统

统一接收来自用户应用服务需求，进行需求汇总及任务下发，并汇总服务向用户提供统一的服务分发。

（2）需求筹划子系统

接收来自用户统一服务子系统下发的各类用户应用需求，计算实现用户需求所需的网络资源；参考来自资源管理子系统的天地一体化信息网络已有资源占用情况，对用户需求进行合理编排。

（3）资源管理子系统

统筹管理与天地一体化信息网络应用服务系统相关的各类通信、存储、处理等资源，包括资源的占用情况、利用率等信息，并对这些资源进行全局调度管理，保证资源的高可利用性。

（4）数据管理子系统

统筹管理天地一体化信息网络的各类数据资源，包括天地一体化信息网络自身获取的通信、导航、遥感等数据资源，外部系统的多源异构数据资源等，实现各类数据的分类汇总、高效存储与检索、安全管理、容灾备份等功能。

（5）综合信息服务子系统

针对用户所需的信息服务，利用天地一体化信息网络的各类算法、模型等，实现对数据的加工处理，生成用户所需的最终信息。通过天基物联、宽带接入、移动通信、天基中继等手段，为用户提供随遇接入的通信服务；通过导航增强、精密授时、单星定位等手段，为应用服务系统及用户提供统一的时间和空间基础，通过通导遥信息融合处理，为用户提供个性化综合信息服务。

（6）终端应用子系统

以手持、便携、车载等各类用户终端的形式，与用户信息系统高度集成，主要功能包括接收用户需求，直接向用户提供最终服务。

（7）支撑保障子系统

保障应用服务系统的安全保密及健康运行。通过终端、地面信息港及通信网络等安全保密设备，实现用户接入认证、用户鉴权、信息安全审计等功能；通过状态监测、故障预测、故障诊断、故障定位、故障隔离、故障重构等手段，实现应用服务系统的健康管理功能。

（8）设施与共用基础设施

支持应用服务系统工作的各类基础通信、计算、存储、网络、处理等资源，包括天地一体化信息网络的通信功能、地面信息港的存储和处理功能等。

3.5.3　应用终端

1. 应用终端型谱

天地一体化信息网络应用终端主要分为通用终端、专用终端、扩展终端 3 类。应用终端型谱如图 3-11 所示。

通用终端指为用户提供通用场景下基本信息通信能力的终端，体现出用户普适化、场景通用化、体制标准化、型号系列化等特征，包括手持移动终端、便携终端、车载终端、船载终端。

专用终端是根据使用平台或者用户特殊要求，对重要部件、体制协议进行适应性更改的终端，包括穿戴式终端、机载终端、星载终端等。

扩展终端指在保持核心部件、协议体制与通用终端一致的基础上，根据用户特殊需求，进行多模体制增强、环境适应性增强与信息安全增强。

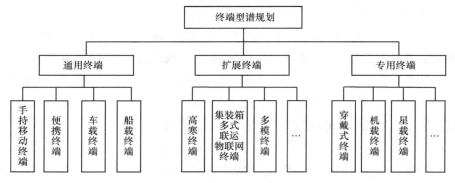

图 3-11　应用终端型谱

2. 应用终端组成

天地一体化信息网络应用终端的核心是卫星通信终端。随着超大规模集成电路技术、新材料技术的发展，天地一体化信息网络应用终端将朝着芯片化、模组化、小型化的方向发展。但是在技术原理上，其主要部分仍然与典型的卫星通信终端类似，由天线子系统、射频子系统（含高功放、上/下变频器、低噪声放大器）、调制解调器、网管子系统等组成，典型的卫星通信终端组成如图 3-12 所示。

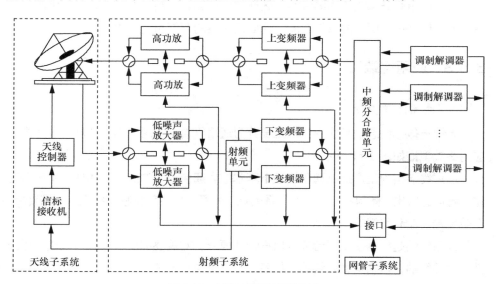

图 3-12　典型卫星通信终端组成

（1）天线子系统

天线子系统将卫星通信终端的电磁信号变换成自由空间传输的电磁波，实现电磁波的定向发射或接收。天线主要由天线面、馈源网络、伺服跟踪等组成，通过天线反射面进行电磁波辐射和收集，通过馈源网络实现对收/发信号的合成与分离，伺服跟踪系统完成天线对卫星的指向和跟踪。

（2）射频子系统

射频子系统主要包括发射设备和接收设备。发射设备将已调制的信号经过变频、放大等处理之后，输送给天线系统，发往卫星。发射设备一般由高功率放大器和上变频器组成。接收设备将来自卫星的射频信号，经过放大、变频等处理之后传输到解调器进行解调。接收设备一般由低噪声放大器和下变频器组成。

（3）调制解调器

调制解调器是用于完成信号调制解调过程的设备，由调制器和解调器两大部分组成。调制器用于发送端，将来自用户的视频、语音等各类数据经过加扰、编码、载波调制等处理后调制到中频载波上，从而适应卫通信道的传输要求。解调器用于接收端，通过解调、译码、解扰等手段，实现从经过信道传输后的已调载波信号中恢复数字信号。

（4）网管子系统

网管子系统是保障卫星通信系统高效、有序运行的重要手段，其实现卫通网集中监控、资源综合调配、设备状态实时获取，为故障定位、诊断等提供决策依据，从而提升系统自动化管理的水平。

3.5.4　地面信息港

应用服务云是天地一体化信息网络服务的一种重要手段，地面信息港是应用服务云平台的一种具体形态。依托天地一体化信息网络，基于"物理分布、逻辑统一"的地面应用服务体系，接入并聚合海量多源异构数据资源，提供"存-算-管-用"全生命周期的支撑能力，转变数据资源为数据资产，发挥数据核心生产要素的价值，开展战略性信息服务产业应用（如应急救灾保障、生态监测、空间规划、智慧城市、交通管控等）。同时，打造"数据开放、服务开放和应用开放"的生态环境，促进产业链上下游相关企业的协同发展。

地面信息港遵循"打牢共用、整合通用、开放应用"的理念，依据数据集中能力开放、云原生化、可移植、可扩展、高可用、高安全等原则，将架构设计为"三层三纵"，即基础设施层、服务开放层、应用服务层，以及纵向贯穿三层的运维管理、安全管理、数据管理。

|3.6 接口设计|

应用系统终端侧用户利用天地一体化空间资源提供空中接口接入网络。信息通过空间网络路由，在地基节点网信关站落地，通过应用系统边界网关进入用户网络侧子网。

应用系统网侧以网关、应用专业运维、应用服务为主。应用系统的专业运维与地基节点网的运维管理节点沟通，进行用户管理、业务管理、费用结算，根据应用需求，可从该接口上灵活实现资源申请和调配。地基节点网的信息服务节点为应用系统提供计算能力支持，典型的应用服务可利用其提供的云计算、云存储、大数据分析等功能。

应用系统与天地一体化信息网络的接口关系见表3-1。

表 3-1 应用系统与天地一体化信息网络的接口关系

分类	接口	连接关系	说明
用户侧无线传输接口	Ka 频段卫星宽带空中接口	地面用户与天基骨干网	满足少量重要客户的固定站、车载站、机载和船载站的以数据传输为主的大容量传输需求
	Ka 频段卫星宽带中继接口	天基用户与天基骨干网	满足空间站、卫星、载人飞船的大容量传输需求
	激光链路卫星宽带中继接口	天基用户与天基骨干网	满足空间站、卫星、载人飞船的大容量传输需求
	Ka 频段卫星宽带用户空中接口	地面用户与天基接入网/临近空间网络	满足大量一般客户的固定站、车载站、机载和船载站的以数据传输为主的大容量传输需求
	L 频段卫星移动空中接口	地面用户与天基接入网/临近空间网络	满足大量客户的便携站、手持站、车载站、机载和船载站包含语音和数据的中低速数据传输需求
	L 频段卫星移动空中接口	天基用户与天基接入网	满足小卫星、星群的测控和通信需求

（续表）

分类	接口	连接关系	说明
网络侧业务传输接口	语音/短信业务接口	天地一体化信息网络信关站与用户网络网关	满足用户终端经过天地一体化信息网络向用户地面网疏通基于传统电路域信令的语音或者短消息接口
	数据业务接口	天地一体化信息网络信关站与用户网络网关	满足用户终端经过天地一体化信息网络向用户地面网疏通基于分组/IP 承载软件或者 IMS 信令的数据、语音、短信等业务
	其他业务接口	天地一体化信息网络信关站与用户网络网关	满足测控、定位等一系列基础电信业务以外业务的互通需求
网络侧运维管理接口	用户管理接口	天地一体化信息网络运维与用户网络运维系统	满足客户对特定终端/用户入网、开通、停机、复机、权限配置、计费、结算等操作
	业务管理接口	天地一体化信息网络运维与用户网络运维系统	满足对特定任务、区域、终端、用户进行资源调配的接口
通用计算或者存储服务接口	通用计算或者存储服务接口	天地一体化信息网络地基节点网信息节点和用户应用系统	提供云计算、云存储、大数据分析等基础信息处理资源以及服务供应用使用
网络和业务运维接口	用户管理接口	天地一体化信息网络运维与用户网络运维系统	满足客户对特定终端/用户入网、开通、停机、复机、权限配置、计费、结算等操作
	业务管理接口	天地一体化信息网络运维与用户网络运维系统	满足对特定任务、区域、终端、用户进行资源调配的接口

参考文献

[1] 汪春霆, 翟立君, 李宁, 等. 关于天地一体化信息网络典型应用示范的思考[J]. 电信科学, 2017, 33(12): 36-42.

[2] 刘建平, 张天昱, 李伟. 面向全球覆盖、随遇接入的测运控服务构想[C]//第十一届中国卫星导航年会论文集, 2019.

[3] 张伟. 空天防御信息体系关键技术研究[J]. 空天防御, 2018, 1(1): 13-17.

[4] 李和中, 陈芳. 基于云计算信息架构的云政府服务[J]. 中国行政管理, 2012, 321(3): 22-25.

[5] 季新生, 梁浩, 扈红超. 天地一体化信息网络安全防护技术的新思考[J]. 电信科学, 2017, 33(12): 24-35.

[6] 罗金亮, 宿云波, 张恒新. "作战云"体系构建初探[J]. 火控雷达技术, 2015, 173(3): 26-30.

[7] 汪春霆, 等. 天地一体化信息网络架构技术[M]. 北京: 人民邮电出版社, 2021.

[8] 唐飞龙, 徐明伟, 李克秋, 等. 软件定义的天地一体化信息网络[J]. 中国计算机学会通讯, 2018, 14(3): 63-67.

第 4 章

网络服务类型

介 绍应用服务系统的网络服务功能，给出移动通信、宽带接入、天基物
联、天基监视、天基中继和导航增强 6 个服务功能的基本概念和主要
能力指标。重点介绍每类网络服务的应用模式。

| 4.1　通用服务能力分类 |

通用服务能力主要包括移动通信、宽带接入、天基物联、天基监视、天基中继、导航增强等。

| 4.2　移动通信服务 |

4.2.1　基本概念

移动通信主要依赖天基接入网的综合节点卫星提供支持，基于星上处理交换和星间链，面向地面通信终端用户主要提供通用语音、端到端语音、标准 IP 数据、专用数据等业务。

4.2.2　主要能力指标及应用流程

手持终端的典型速率一般为 2.4kbit/s（语音）以及数十 kbit/s 的窄带数据传输速率，便携终端与车载终端通过增强天线的收发能力，业务速率可以达到 1～2Mbit/s，具体应用模式如下。

1．移动电话通信模式

移动电话通信模式提供标准电话交换语音和 IP 语音，有单星覆盖下用户间通信、用户间跨星通信、用户间经信关站通信 3 种方式。移动电话通信模式拓扑如图 4-1 所示。

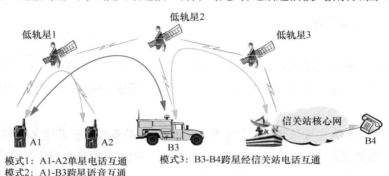

低轨星1　低轨星2　低轨星3

信关站核心网

A1　A2　B3　B4

模式1：A1-A2单星电话互通
模式2：A1-B3跨星语音互通
模式3：B3-B4跨星经信关站电话互通

图 4-1　移动电话通信模式拓扑

2．数据传输模式

数据传输模式包括地面网络接入和天基专网互联两种方式。地面网络接入方式下，用户终端通过卫星终端传输到低轨星，通过星间链路，建立与目标附近信关站的传输链路，信关站再通过地面网络，接入 Internet。天基专网互联方式下，用户终端通过卫星地面站传输到低轨星，通过星间链路完成与另一个卫星地面站互联，实现用户终端通过卫星地面站交互数据的业务等。数据传输通信模式拓扑如图 4-2 所示。

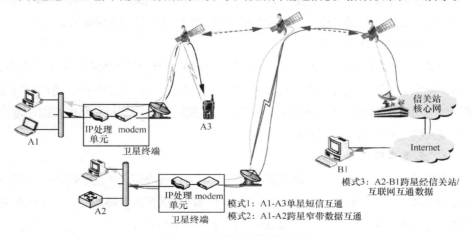

IP处理单元　modem
卫星终端
A1
A3
A2

信关站核心网

Internet

B1

模式3：A2-B1跨星经信关站/互联网互通数据
模式1：A1-A3单星短信互通
模式2：A1-A2跨星窄带数据互通

图 4-2　数据传输通信模式拓扑

|4.3 宽带接入服务 |

4.3.1 基本概念

低轨宽带接入主要依赖天基接入网的宽带节点卫星提供支持，主要面向政府通信、企业专网互联、互联网接入等，提供点对点、星状、网状互联的宽带数据传输业务。

高轨宽带接入主要依赖天基骨干节点的 Ka 相控阵多波束链路或 Ka 反射面多波束链路，按照接入模式分为地面网络接入模式、分组交换模式和波束铰链模式。其中，地面网络接入模式定位于一般公众用户互联网接入，其为陆、海、空大量用户提供数据透明转发至信关站及为后续地面网络接入服务。分组交换模式定位于特殊用户不落地的内部专网通信，为批量陆、海、空用户提供不落地的内网互联通信服务。波束铰链模式定位于转发器租赁，为单个陆、海、空用户提供专用的高速数据透明转发服务。

4.3.2 主要能力指标及应用流程

宽带接入的传输速率与卫星载荷和地面终端的指标相关，一般在数 Mbit/s 到数百 Mbit/s，支持地面网络接入、天基专网互联、专用透传通信 3 种模式。

1．地面网络接入模式

为陆、海、空大量用户提供数据透明转发至信关站及为后续地面网络接入服务，常用于航空、海航、偏远地区一般公众用户的互联网接入。星状拓扑，用户数据通过卫星透明转发后由馈电链路落地至信关站，地面执行协议解析和路由交换。地面网络接入模式拓扑如图 4-3 所示。

2．天基专网互联模式

为批量陆、海、空用户构建不落地的区域内网互联通信，常用于特殊政企用户的海外组网通信。网状拓扑，单个波束内的多用户数据在星上解调后，可交换至对应波束内的多个用户。天基专网互联模式拓扑如图 4-4 所示。

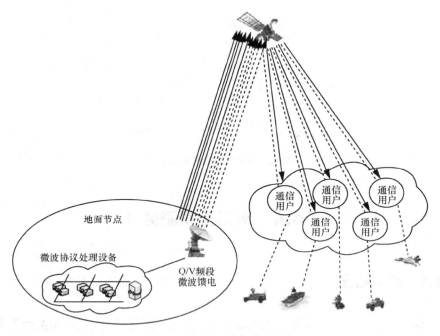

图 4-3　地面网络接入模式拓扑

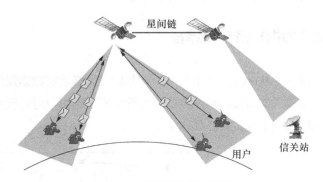

图 4-4　天基专网互联模式拓扑

3. 专用透传通信模式

为波束范围内陆、海、空用户提供专用的高速数据透明转发通道，在波束级进行用户信道铰链，前返向数据不再经过卫星地面站转发，而是由卫星直接转发，常以转发器租赁的形式提供跨区域固定通信或应急通信。专用透传通信模式拓扑如图 4-5 所示。

宽带接入业务的数据路由方式包括单星跨波束点对点传输、点对点跨星传输和点对多点跨星组网传输。

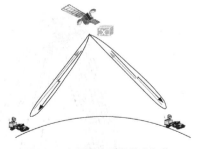

图 4-5　专用透传通信模式拓扑

|4.4　天基物联服务 |

4.4.1　基本概念

天基物联主要依赖天基接入网的综合节点卫星，面向不同的物联网数据采集应用，主要提供 IP 数据传输服务和非 IP 数据传输服务。

4.4.2　主要能力指标及应用流程

传输速率一般在 2.4kbit/s 至数十 kbit/s。天基物联网终端将数据发送至天基接入网后，可通过天基接入网直接落地回传，在特殊情况下也可以通过天基骨干网路由落地回传。天基物联通信模式拓扑如图 4-6 所示。

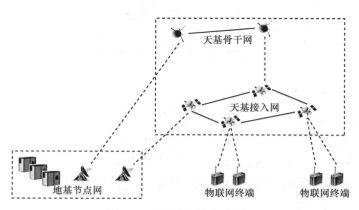

图 4-6　天基物联通信模式拓扑

| 4.5　天基监视服务 |

4.5.1　基本概念

天基监视，指综合利用天地一体化的天基监视能力，面向各类空中用户、水面用户、陆地用户等提供载体信息、运输类别、位置信息、航行信息等信息报告与综合监视服务，为飞机、轮船、汽车等交通工具的全球安全航行与应急救援提供保障。当前，主要的天基监视手段主要包括船舶自动识别系统（Automatic Identification System，AIS）、广播式自动相关监视（Automatic Dependent Surveillance-Broadcast，ADS-B）系统、甚高频数据交换系统（VHF Data Exchange System，VDES）、全球卫星搜救系统（如 Cospas Sarsat）等。

AIS 是由国际海事组织（International Maritime Organzation，IMO）与各国政府强制推行的船舶监视系统。AIS 主要用于船舶间协调，通过将船位、船速、改变航向率及航向等船舶动态结合船名、呼号、吃水及危险货物等船舶信息由甚高频（Very High Frequency，VHF）向附近水域船舶及岸台广播，使邻近船舶及岸台能及时掌握附近海面所有船舶的动态，为保护船舶安全航行提供有效手段。

ADS-B 是由国际民航组织（International Civil Ariation Organization，ICAO）确定的未来监视系统发展的主要方向。在全球民航绝大多数参与国家中，ADS-B 开始被强制实施，是飞机入境合法性的依据之一。ADS-B 是一个监视信息系统，可以自动地从航空器获取参数，向其他飞机或地面站广播飞机的位置、高度、速度、航向、识别号等信息，以完成对飞机状态的监控，提高飞机飞行的安全性。

VDES 是针对水上移动业务领域中的 AIS 加强和升级版的系统，它在现有 AIS 功能的基础上，增加了特殊应用报文（Application Specific Message，ASM）和甚高频数据交换（VHF Data Exchange，VDE）功能，提升了水上数据通信的能力和频率使用效率，可有效缓解现有 AIS 数据通信的压力，满足船对船、船对岸、船对卫星、岸对卫星相互之间的所有数据交换服务的需要，属于第三代海事通信系统。2015 年世界无线电通信大会（WRC-15）国际电信联盟决定在水上移动业务领域引入甚高频数据交换系统。

天地一体化天基监视网络包括空间段、地面段一体化的网络，利用低轨卫星群的全球性覆盖能力，接收 AIS、ADS-B、VDES 定时报告的飞机、船舶、汽车等交通工具的状态信息，通过星间、星地链路实时回传、分发给地面用户，支撑空中交通管制、海事管制、全球任意空域的态势感知等应用，全面提升用户对目标空域、海域管理的能力，提高空域、海域有限资源利用效率，优化交通管理体系，为空、海交通安全有序运行提供有力保障。

4.5.2 主要能力指标及应用流程

1. 星基 ADS-B

天基接入网搭载星基 ADS-B 专用载荷，实现对地视场全域覆盖，接收飞机发送的相关参数，通过星间链路及星地馈电链路传输至地面信关站，经地基节点网分发至用户中心。星基 ADS-B 功能拓扑如图 4-7 所示。

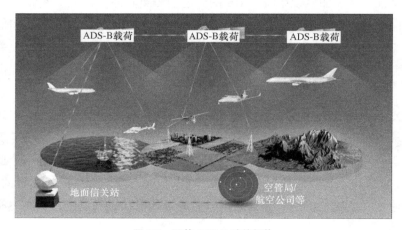

图 4-7 星基 ADS-B 功能拓扑

2. 星基 AIS

天基接入网搭载星基 AIS 专用载荷，实现对地视场全域覆盖，接收船舶发送的相关参数，通过星间链路及星地馈电链路传输至地面信关站，经地基节点网分发至用户中心。星基 AIS 功能拓扑如图 4-8 所示。

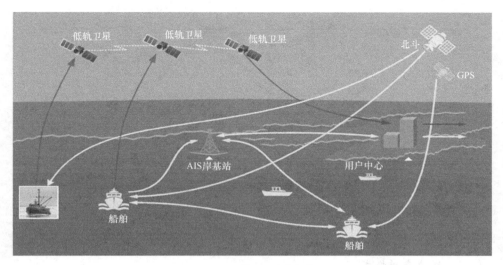

图 4-8　星基 AIS 功能拓扑

| 4.6　天基中继服务 |

4.6.1　基本概念

面向轨道空间用户（包括卫星、空间站、航天员等）及临近空间用户，提供全球宽带的数据回传业务。必要时，可以包括一定能力的前向管控业务。

4.6.2　主要能力指标及应用流程

激光中继的速率可达数 Gbit/s，Ka 频段微波中继速率可达数十 Mbit/s，具体服务模式包括激光中继模式和微波中继模式。

1．激光中继模式

低轨航天器通过高低轨星间激光链路与天基骨干节点互联，数据经过天基骨干网传输后，通过 Q/V 馈电链路或星地激光链路回传至目的信关站。激光中继模式拓扑如图 4-9 所示。

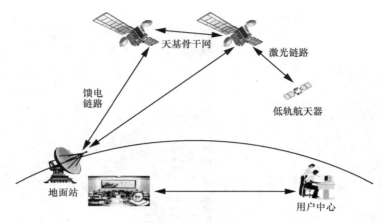

图 4-9　激光中继模式拓扑

2. 微波中继模式

低轨航天器首先通过 Ka 频段信标对准并跟踪天基骨干节点卫星，随后通过用户 Ka 频段微波链路与天基骨干网节点互联，数据经过天基骨干网传输后，通过 Q/V 馈电链路或星地激光链路回传至目的信关站。微波中继模式的接入方式包括随遇接入和用户中心申请–计划调度两种方式。微波中继模式拓扑如图 4-10 所示。

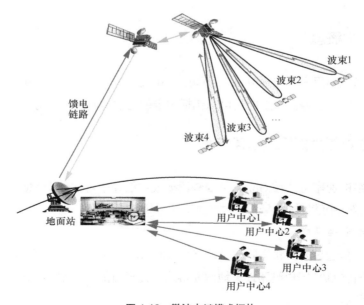

图 4-10　微波中继模式拓扑

|4.7　导航增强服务 |

4.7.1　基本概念

导航增强，指利用低轨卫星对北斗卫星信号进行星基增强或播发新体制信号，以提升导航信号的服务能力，优化用户终端接收性能。当前低轨导航增强的主要业务包括低轨精密单点定位（Precise Point Positioning，PPP）、全球低轨星基增强系统（Satellite-Based Augmentation System，SBAS）、类北斗信号播发、通导一体化信号播发、导航信号监测评估等，地面用户同时接收中高轨北斗卫星信号和低轨类北斗信号及通导一体化信号，获取低轨 SBAS 信息，从而实现更高精度、更快定位速度、更加完好的导航定位服务。

低轨 PPP，在这里指基于低轨卫星星座的导航增强系统利用低轨卫星运行速度快、多普勒变化快的特点加速 PPP 的收敛时间，达到分钟级收敛。融合低轨卫星星座后，卫星导航系统 PPP 服务的收敛时间可缩短到 1min 以内，达到准实时、高精度定位的水平。

全球低轨 SBAS，主要解决当前地面站无法对卫星进行全弧度监测的问题，使用低轨卫星进行完好性监测，对完好性监测提出了巨大的挑战。全球低轨 SBAS 设计的关键在于：结合现有 SBAS 与北斗完好性技术体系，采用星上自主完好性监测、星间链路、多源融合、星地联合处理等综合完成低时延全球完好性监测。

类北斗信号播发，指低轨卫星播发双频低轨导航增强信号，下行增强信息除广播星历外，还播发北斗中高轨卫星和低轨卫星本身的精密轨道和钟差信息。

通导一体化信号播发，指将导航信号调制到通信信号，形成通导一体化信号，其下行信息速率快、播发周期短，显著提升用户体验。

导航信号监测评估，利用其全球覆盖特性可有效弥补地基监测网在空间覆盖的不足，实现全球高质量监测。相比于地面监测网络，低轨卫星对导航信号的观测受电离层、对流层等影响小，具有跟踪弧段长、覆盖次数多、多径效应影响小等特点，可较大幅度提高中/高轨卫星的定轨以及其他参数的精度。基于低轨卫星星座实现监测资源天基化的综合性能必将极大提升卫星导航系统的可用性。

4.7.2 主要应用流程

1. 独立定位和授时模式

利用低轨卫星的大动态运行特性，基于多普勒定位原理可以实现独立定位。利用卫星位置、地面接收机位置以及星地之间的传输时延可以实现单星授时。

2. 信息增强模式

低轨卫星具备播发电离层时延校正量、星钟误差校正值和卫星轨道校正值的能力。地面用户接收到误差改正数后可以降低这些误差的影响，进而提高定位精度。

3. 信号增强模式

导航增强载荷通过星上自主定轨和时钟驯服获得轨道参数和时钟参数，经调制后通过发射分机产生下行导航增强信号，地面接收机接收低轨导航信号后利用伪距和载荷可实现与 GNSS 的联合定位，从而提高传统 GNSS 接收机的定位精度和改进可用性。与传统 GNSS 联合的方式，可通过伪距实现伪距联合定位。

| 参考文献 |

[1] 赵玉民，王黎莉，艾云飞，等. 天地一体 VDES 发展现状及应用展望[J]. 卫星应用，2022(2): 41-45.

[2] 王磊，李德仁，陈锐志，等. 低轨卫星导航增强技术——机遇与挑战[J]. 中国工程科学，2020, 22(2): 144-152.

卫星通信终端是卫星通信网络和用户之间的连接纽带。本章从国内外 L 频段、Ka 频段终端角度，描述了应用端技术发展历程，介绍了应用端型谱及发展演进情况，重点给出通用终端设计方法，涉及 L 频段手持型、L 频段便携型、Ka 频段便携型、Ka 频段车载型和三化设计及自主可控设计等。

| 5.1 应用端技术发展历程 |

5.1.1 国外 L 频段卫星通信终端发展情况

1. 铱星

铱星系统采用低轨道卫星，覆盖范围包括地球同步卫星难以覆盖的边远极地地区。铱星的卫星星座包含 66 颗工作卫星，分布在 6 个圆形极地轨道。铱星系统是目前正式运营的唯一具有星间链路的卫星通信系统，星上采用先进的数据处理和交换技术，通过每颗卫星上的 4 条星间链路，铱星系统把整个空间段构成一个能够不依赖地面而独立存在的天基传输和交换网络，用于在卫星间实现数据处理和交换。铱星商用信关站设在美国亚利桑那州，主要在卫星和地面通信网络之间提供中继连接。铱星终端之间使用 L 频段进行通信，由于其采用低轨卫星进行通信，所以其天线与同步轨道的高轨卫星相比可以做得更小。铱星系统可以在全球任何地方（包括两极地区）提供语音和数据通信，不过其数据传输速率非常有限，最高只有 2.4kbit/s。铱星用户终端类型包括手持型、便携型、船载型等，其主要终端型谱如图 5-1 所示。

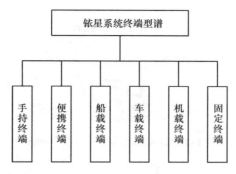

图 5-1　铱星系统用户终端型谱

铱星手持终端如图 5-2 所示，主要技术指标如下。

支持模式：卫星+GPS。

质量：260g。

整机大小：169.7mm×53.6mm×39mm。

工作时间：待机 80h，通话 8h。

防护等级：IP54。

语音速率：2.4kbit/s。

图 5-2　铱星手持终端

铱星船载终端主要指标如下。

质量：0.375kg。

主机大小：158mm×62mm×59mm。

通话时长：3.2h。

待机时长：30h。

铱星船载终端 Iridium OpenPort 如图 5-3 所示，其可同时提供 3 路电话和 1 路 IP 数据（最高 128kbit/s）给船长和船员使用，性能稳定，容易安装和使用。Iridium OpenPort 的功能包括语音通话、收发电子邮件、网页浏览、FTP、VPN、接收气象报告等。

图 5-3　铱星船载终端 Iridium OpenPort

2. 国际海事卫星

国际海事卫星（Inmarsat）系统是国际海事卫星组织最早开发应用于卫星移动业务的地球同步轨道卫星移动通信系统，主要在地面通信网无法覆盖地区为用户提供交通运输、野外探险、海上安全航行和遇险搜救等移动通信服务。海事卫星终端形态包括便携、船载、机载、车载、手持等多种形态。海事卫星系统用户终端型谱如图 5-4 所示。

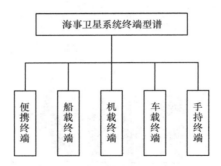

图 5-4　海事卫星系统用户终端型谱

海事卫星便携终端 Explorer 500 外观如图 5-5 所示。

图 5-5　Explorer 500 外观

5.1.2　国外 Ka 频段卫星通信终端

国外卫星通信终端的形态是在运营商和设备供应商的共同推动下发展起来的。

在高轨卫星系统阶段，市场占有率比较高的公司有休斯、卫讯、Inmarsat、Gilat、Newtec 等，设备形态主要是抛物面天线。用户终端类型涵盖了固定站终端、车载终端、便携终端、船载终端、机载终端等，生产厂商众多。便携站基本形态如图 5-6 所示。

图 5-6　便携站基本形态

近年来，随着 OneWeb、Space X 等公司大量发射低轨卫星，卫星通信系统进入了高轨、低轨卫星共存阶段。其中，最具代表的是 OneWeb 公司，其用户终端包括固定终端、船载终端、车载终端、机载终端等，OneWeb 公司用户终端形式如图 5-7 所示。Space X 公司的"星链"推出的"Dish"终端工作在 Ku 频段，采用天线与基带单元一体化设计，目前已售出了数十万套。

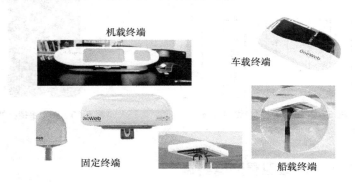

图 5-7　OneWeb 公司用户终端形式

由图 5-7 和图 5-8 可见，在低轨时代，国外厂商都将精力集中在平板天线的研制上，研制的方向是低成本相控阵天线。

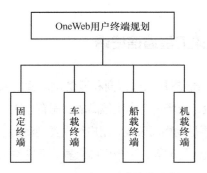

图 5-8　OneWeb 公司用户终端型谱规划

5.1.3　国内 L 频段卫星通信终端

受频率资源、国内政策、技术路线影响，国内前期没有发展 L 频段卫星通信终端，重点发展的是 L 频段天通系统，目前已经发射了天通一号卫星，地面终端形成了手持、便携、车载等多种用户终端类型，初步形成了基于天通一号的天通系列产品，天通系统用户终端型谱如图 5-9 所示，天通手持机外形如图 5-10 所示。

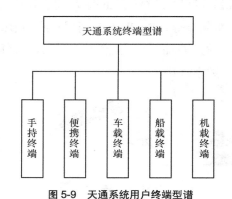

图 5-9　天通系统用户终端型谱　　　　　图 5-10　天通手持机外形

5.1.4　国内 Ka 频段卫星通信终端

国内 Ka 频段卫星通信终端是随着中星 16 发射发展起来的站型。典型的产品包括便携终端、固定终端、车载终端、船载终端等，外形如图 5-11、图 5-12 所示。

图 5-11　Ka 频段抛物面天线外形

图 5-12　Ka 频段低轮廓天线外形

| 5.2　应用端型谱及发展演进 |

卫星通信终端是卫星通信网络和用户之间的连接纽带，用户需要通过卫星通信终端接入卫星通信网络；卫星通信网络需要通过卫星通信终端与用户互动。因此，卫星通信终端是代表卫星通信系统先进性、可用性等特性的形象窗口。目前可以看到的卫星通信终端形态一般包括手持终端、固定终端、车载终端、船载终端、机载终端、星载终端等。

天地一体化信息网络初期阶段根据不同应用场景、频率、形态、卫星网络规划设计了由多种形态的卫星通信终端组成的终端型谱，包括固定、便携、车载静中通、车载动中通、列车动中通、船载、机载等。不同终端形态应用场景不同，应用特点不同。初期阶段系统的目的是验证系统设计、技术指标的可行性。因此在卫星通信终端设计时必须考虑终端的通用性，通过通用终端的设计，对系统指标和应用场景等进行验证。依据不同终端的应用环境和技术特点分析，将卫星通信终端分为通用终端和专用终端两类。

通用终端的定义为，应用范围较广、实现效果典型性强、可派生种类较多，具有模块化、通用化价值的终端。专用终端的定义为，终端应用平台单一、场景独特、行业间共享度不足，通用化、模块化价值不大的终端。天地一体化信息网络应用端型谱设计如图 5-13 所示。

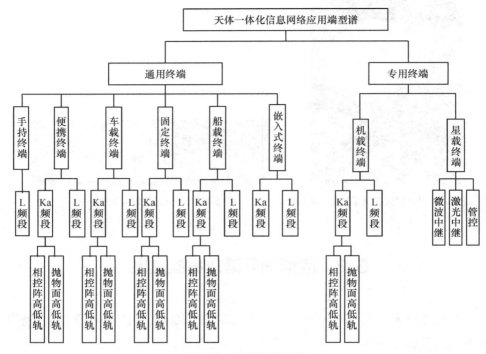

图 5-13　应用端型谱设计

由图 5-13 可见，应用终端型谱包括通用终端和专用终端两大类，其中，通用终端包括手持终端、便携终端、车载终端、固定终端、船载终端、嵌入式终端；专用终端包括机载终端、星载终端等类型。其中固定终端、便携终端应用于固定用户，区别只是是否具备移动能力，满足偏远地区高速上网用户需求或者满足应急情况下的通信节点需求；手持终端应用于 L 频段低速场景，满足偏远地区语音、短消息等通信需求；车载和船载终端主要应用于中速移动用户，区别是安装载体不同，分别满足行车或行船途中的通信需求；嵌入式终端主要满足未来物联网应用需求；机载终端主要针对高速移动载体的应用，满足飞机等高速移动载体的通信需求；星载终端满足超高速卫星移动终端的骨干网络传输需求。

通用终端设计的另一目标是满足典型应用的验证，天地一体化的典型应用包括公共安全通信、应急救灾保障、天基信息中继、航空网络服务、信息普惠服务、全球移动通信等。典型应用对应用终端的需求如图 5-14 所示。

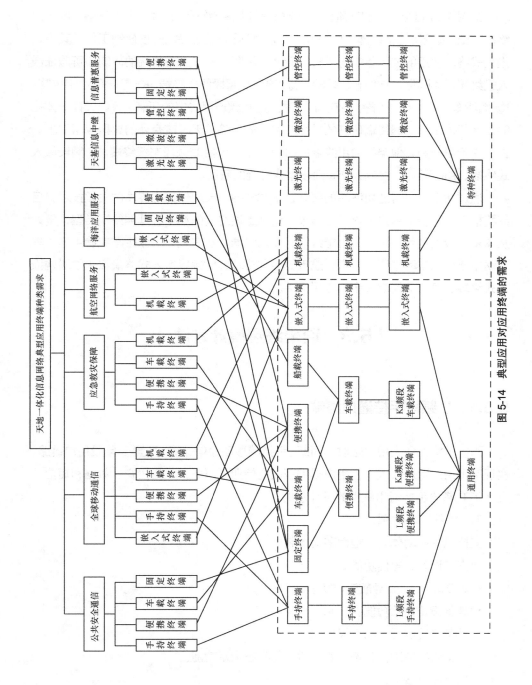

图 5-14　典型应用对应用终端的需求

由图 5-14 可见，在初期阶段需要对 L 频段手持终端、L 频段便携终端、嵌入式终端、Ka 频段便携相控阵、Ka 频段车载相控阵等通用终端开展研制工作。其中，嵌入式终端使用的技术体制与手持终端基本相同，通过手持终端的研制即可验证嵌入式终端，因此进一步安排 L 频段手持终端、L 频段便携终端、Ka 频段便携相控阵、Ka 频段车载相控阵的研制工作，通过对上述几款通用终端的研制，验证天体一体化终端运行体制，掌握终端研制的关键技术，满足除航天、航空外的典型应用需求。在中期阶段开展其他类型通用终端的研制工作，包括 L 频段车载终端、L 频段嵌入式终端、Ka 频段船载终端、Ka 频段车载终端的研制。

通过两个阶段对通用终端的研制，基本掌握了天地一体化终端的关键技术，后续将根据进一步的用户需求搜集结果，研制上述终端的派生、延伸终端类型，例如从 Ka 频段便携终端扩展为固定终端、便携终端；从车载终端派生车载静中通、车载动中通、列车动中通、航空、航天等多种终端；L 频段嵌入式终端派生物联网嵌入式终端、可穿戴终端等多种专用终端。

| 5.3 通用终端设计方法 |

5.3.1 L 频段手持通用终端

面向陆海空各类用户全时不间断、手持的移动通信保障，配置 L 频段用户链路，实现窄带用户随遇接入，为用户提供基础电信业务服务，包括语音、数据和短信，设计了 L 频段手持通用终端的设计示例。

1. 功能要求示例

支持卫星移动体制、地面移动体制。

- 支持语音、短信功能。
- 具备北斗 GPS 导航定位功能。
- 具备设备自检功能。
- 具备终端位置自动上报功能。
- 具备对终端工作状态、通信质量的状态指示功能。
- 具备保密接口。

- 外部接口：耳机、USB（Type-C）、蓝牙、Wi-Fi、摄像机。
- 具备身份凭证的安全存储和入网认证功能。
- 具备移动平滑安全切换和可信保持能力。

2.　主要技术指标示例

- 工作频段：L 频段。
- 数据速率：≥32kbit/s。
- 业务类型：语音、短信。
- EIRP：≥1dBW。
- G/T 值：≥-30dB/K。
- 通话时间：≥5h。
- 待机时间：≥80h。
- 支持跨波束跨星移动切换的连续性。
- 质量：≤500g。

3.　使用要求

- 工作温度：-20℃～55℃。
- 存贮温度：－40℃～70℃。
- 相对湿度：45%～75%。
- 气压：86～106kPa。
- 防护等级：满足 IP65 要求。
- 供电：终端内部电池供电。
- 操作使用性能：设备操作简单，使用方便；对操作人员无特殊要求，按设备说明书即可正确操作。
- 外观和感官要求：产品外观应符合不同人的操作习惯，应与产品内在性能相结合，整体结构合理、美观、大方。

4.　终端设计

（1）硬件设计

L 频段手持通用终端主要包括应用处理单元、L 频段天线、卫星射频处理单元、卫星基带处理单元、电源管理单元、音频处理单元、显示单元、蓝牙、Wi-Fi 以及保密鉴权接口等，手持终端组成如图 5-15 所示。

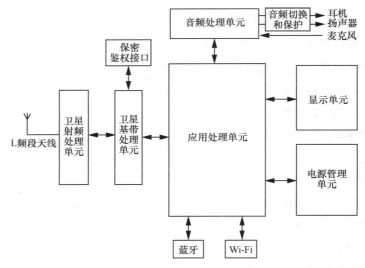

图 5-15　手持终端组成

应用处理单元主要通过成熟的应用处理器及平台，完成应用软件的运行、通道控制、人机交互、数据通信和保密以及 SIM 卡的信息读取和管理等功能。

卫星基带处理单元和卫星射频处理单元主要完成卫星通信协议处理、调制解调、射频收/发处理等功能。

电源管理单元主要通过成熟的电源管理芯片，提供系统需要的稳定电流电压，同时还负责电池的充放电管理。

显示单元主要完成界面的显示、触屏控制等功能。

音频处理单元主要完成音频数据的处理功能。

1）天线设计

手持终端天线和手持终端主机单元集成在一起。待机状态时，手机天线的主体部分隐藏在手持终端内部，当手持终端处于工作状态时，手机天线要处于拉伸状态，以便更好地发送和接收卫星信号。手持终端天线可根据用户使用情况进行角度调整，便于跟踪卫星。

2）通信单元设计

通信单元由应用处理器、射频处理模块和基带处理等功能单元组成，小型化主要通过各个功能单元的高集成度和紧凑性设计实现。

高集成度设计包括器件选型和电路设计两方面。器件选型方面，主要通过采用高集成度的 SoC（System on Chip）芯片、卫星移动专用射频和基带处理器，减少芯片种类和数量。电路板上尽可能采用小型或微型封装器件，板间和部件间尽量采用微型连接器和微型射频连接线缆等方式实现高集成度设计。

电路设计方面，主要通过功能单元泛芯片化实现。在信号调制解调、信道编译码等芯片化设计基础上，利用卫星移动通信射频芯片和卫星移动基带处理芯片可有效实现硬件电路的小型化。

基于功能单元芯片化设计可解决多处理器、模数变换以及射频芯片集成面临的电路复杂、布局困难和功耗较高的问题，大大降低终端的功耗、减轻质量和缩小体积。

紧凑性设计主要通过合理布局印制板上各功能单元进一步缩小面积、增加板层数和盲孔数使芯片布局更为紧密、通过板间高矮器件叠层错位布局以减少空间占用等方式实现，可进一步降低终端的体积。

（2）软件设计

L 频段手持通用终端软采用分层式体系架构，可分为应用业务层、系统服务层和硬件适配层 3 层，各层软件基于模块化实现。应用业务层中应用软件设计开发人员只需考虑应用功能逻辑的设计与实现，利用软件集成框架所提供的通用软件服务模块，完成多业务的融合与协同。在系统服务层和硬件适配层，软件设计开发人员进行基础软件模块的设计、封装与实现，注重编程接口的实现，提供二次开放接口；操作系统软件设计和开发人员进行操作系统软/硬件资源的管理及底层驱动的设计，完成操作系统与底层通信的适配问题，实现终端的多模式管控。软件分层架构如图 5-16 所示。

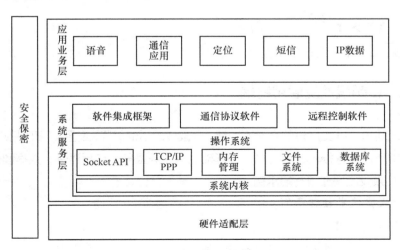

图 5-16 软件分层架构

（3）接口设计

1）空中接口

上、下行发射频率：L 频段。

2）业务接口

USB 接口：USB 接口用于充电、程序升级和数据传输。

蓝牙：用于语音传输。

Wi-Fi：用于外部扩展。

（4）结构设计

L 频段手持通用终端结构设计采用一体化设计思路，终端正面布局与普通智能手机相符，显示屏居中布置，指示灯、听筒、前置摄像机和光线感应器布置在显示屏上方，用于多种信息及情况的提示。L 频段手持通用终端外观如图 5-17 所示。

图 5-17　L 频段手持通用终端外观

5. 应用流程

详见 4.2.2 节所述的应用流程。

5.3.2　L 频段便携通用终端

面向陆海空各类用户的全时不间断、可搬移的通信保障，配置 L 频段用户链路，实现窄带用户随遇接入，为用户提供基础电信业务服务，包括语音、数据和短信，设计了 L 频段便携通用终端示例。

1. 主要技术指标示例

（1）功能要求

• 支持卫星移动体制、地面移动体制。

- 支持语音、短信功能。
- 具备北斗 GPS 导航定位功能。
- 具备设备自检功能。
- 具备终端位置自动上报功能。
- 具备对终端工作状态、通信质量的状态指示功能。
- 外部接口：以太网、USB（Type-C）、Wi-Fi。
- 具备身份凭证的安全存储和入网认证功能。
- 具备移动平滑安全切换和可信保持能力。

（2）主要技术指标示例

- 工作频段：L 频段。
- 数据速率：最大数据速率上行 1Mbit/s/下行 2Mbit/s。
- 业务类型：语音、数据。
- EIRP：≥20dBW。
- G/T 值：≥−17dB/K。
- 通话时间：≥5h。
- 待机时间：≥80h。
- 支持跨波束跨星移动切换的连续性。
- 质量：≤5kg。

（3）使用要求

- 工作温度：−20℃～55℃。
- 存贮温度：−40℃～70℃。
- 相对湿度：45%～75%。
- 气压：86～106kPa。
- 防护等级：满足 IP65 要求。
- 供电：终端内部电池供电。
- 操作使用性能：设备操作简单，使用方便；对操作人员无特殊要求，按设备说明书即可正确操作。
- 外观和感官要求：产品外观应符合不同人的操作习惯，应与产品内在性能相结合，整体结构合理/美观/大方。

2．终端设计

（1）硬件设计

L 频段便携通用终端硬件以低功耗处理器为核心，能够高度集成多信道综合基带、多通道综合射频、一体化保密等功能模块，嵌入多种传感器，适配多种接口，扩展存储容量和支持多种人机交互方式。终端硬件体系架构如图 5-18 所示。

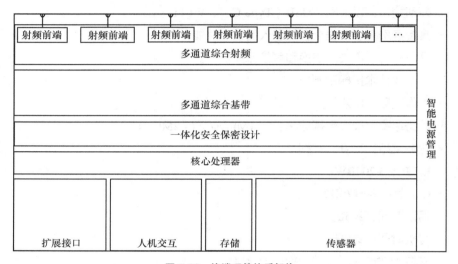

图 5-18　终端硬件体系架构

由图 5-18 可见，便携终端硬件主要由核心处理器、多通道综合基带、多通道综合射频、一体化安全保密设计、智能电源管理、扩展接口、人机交互、存储和传感器等组成。

支持可扩展标准的输入、输出接口，能够直接或通过转接连接外部设备，支持各种应用。

通过软/硬件电源管理，实现整机低功耗设计，从而延长终端待机时间和工作时间。

1）天线设计

L 卫通天线及射频由圆极化收/发共用天线阵列、T/R 组件（SIP）、收/发馈电网络、波控与跟踪单元、散热底板组成，实现波束的实时跟踪与扫描，信号的放大、幅相加权、滤波和辐射，散热底板将天线工作热耗导出，由整机散热设备做进一步处理。

散热设备和电源模块作为共用设备。散热设备实现整机散热，保证 L 卫通天线与其他设备处于正常工作温度范围内；电源模块实现对电压品种的转换，对各设备供电，并具有供电保护功能。

整体设备由电源模块集中式供电，其中 L 频段卫通天线采用二维有源相控阵天线体制。

2）通信单元设计

通信单元功能组成包括业务接入、卫星信号处理模块和接口功能 3 部分。业务接入单元支持卫星移动通信系统的语音编/解码、短消息处理和 IP 数据接入处理；卫星通信信号处理模块完成卫星信号的射频处理、基带处理和协议栈处理等功能；接口功能提供给应用处理的接入接口功能。

卫星信号处理模块主要承载通信传输、安全保密、语音等功能体系，终端采用芯片化设计的思路，集成了天通通信处理、安全保密、用户接口及附件等多类硬件模组，在确保支持全部功能的同时，有效降低功耗、缩小体积、减轻质量，增加设备可靠性。

（2）软件设计

软件设计与第 5.3.1 节 L 频段手持通用终端一致。

（3）接口设计

1）空中接口

上、下行发射频率：L 频率。

2）业务接口

USB 接口：USB 接口用于充电、程序升级和数据传输。

SIM 卡接口：SIM 卡接口是抽取式 SIM 卡插槽类型，具有完成通用用户身份验证功能。

蓝牙：用于语音传输。

LAN 业务接口：2 路千兆网口，符合 IEEE 802.3 传输数据业务。

Wi-Fi：2.4GHz/5.8GHz 双模式，符合 IEEE 802.11 传输数据业务。

（4）结构设计

L 频段便携通用终端结构设计采用一体化设计思路，终端正面布局与普通智能手机相符，显示屏居中布置，指示灯、听筒、前置摄像机和光线感应器布置在显示屏上方，用于多种信息及情况的提示。

L 便携终端采用一体化设计思路，涉及天线、射频、基带、应用处理、结构等方面。首先，电路一体化设计，电源、参考以及控制等电路一体化设计，减少各部分重复电路。其次，结构的一体化设计，合理设置终端按键、天线位置、电源开关键、数据接口等。天线安装于终端顶部 L 便携终端外观如图 5-19 所示。

图 5-19　L 便携终端外观

5.3.3　Ka 频段便携通用终端

为陆、海、空各类用户提供全球宽带互联网接入、全球重点机动用户安全通信服务，以及航空/航海目标监视、频谱监测、数据采集回传等信息业务，配置 Ka 频段用户链路，实现宽带用户随遇接入，为用户提供基础语音、数据和图像业务，设计了 Ka 频段便携通信终端，通过基本单元的拼接，实现相控阵天线的灵活组合和派生。Ka 频段便携通用终端既可以作为背负式卫星通信终端，也可以扩展为固定终端、便携终端，通过加载软件可以灵活实现高、低轨道卫星通信模式的切换以及提升传输速率。本处设计目的是满足基本需求的示例，更高系统要求可以通过控制射频指标、数据处理能力、集成化程度等手段实现。

1．性能指标示例

（1）功能要求

- 具备程序跟踪和星历跟踪能力。
- 具备高、低轨工作能力。
- 具备固定、便携派生扩展能力。
- 具有 LAN 口网络接入功能和 Wi-Fi 路由功能。
- 具备输出功率自动控制功能。
- 具备设备自检功能。

- 具备终端位置自动上报功能。
- 具备对终端卫星跟踪情况、工作状态、通信质量的状态指示功能。
- 具备身份凭证的安全存储和入网认证功能。
- 具备移动平滑安全切换和可信保持能力。

（2）主要技术指标

- 工作频段：Ka 用户频段。
- 业务类型：IP 数据、Wi-Fi。
- 入网时间：高轨≤3min/低轨≤20s。
- EIRP：≥40dBW。
- G/T 值：≥8dB/K。
- 功耗：≤250W。
- 质量：≤10kg。

（3）使用要求

- 工作温度：−20℃～55℃。
- 存贮温度：−40℃～80℃。
- 相对湿度：45%～75%。
- 气压：86～106kPa。
- 防护等级：满足 IP65 要求。
- 供电：直流电供电，工作电压为 24V DC。
- 电磁兼容要求

设备需满足《车辆、船舶和内燃机 无线电骚扰特性用于保护车载接收机的限值和测量方法》和《电源线瞬态传导干扰抗扰性试验》中关于电磁兼容的要求。

- 操作使用性能

设备操作简单，使用方便；对操作人员无特殊要求，按设备说明书即可正确操作。

- 安全要求

天线、基带终端设备外壳如果有用到塑胶件，则塑胶件的阻燃性能需符合GB8410 规定的 B 级要求。

设备外部所有的输入、输出接线依次对电源和对地短路，除保险丝烧毁外，不能造成设备内部电路烧毁和外部接线烧毁，恢复连接后，设备功能应能恢复正常。

• 外观和感官要求

产品外观应符合不同人的操作习惯，应与产品内在性能相结合，整体结构合理/美观/大方。

2．终端设计

（1）硬件设计

Ka 频段便携通用终端由一体化天线射频单元、通信单元、手机和电池组成。**Ka** 频段便携通用终端原理如图 5-20 所示。

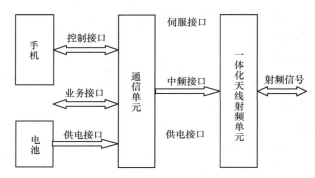

图 5-20 Ka 频段便携通用终端原理

一体化天线射频单元由相控阵天线和变频模块组成，完成波束成形、变频、信号放大等功能，采用一体化设计思路，对外接口为中频接口。

通信单元与天线背面通过中频接口连接，为信号提供传输通道，主要完成业务信息处理（如天线对准、业务信息格式转换等）、基带信号处理（调制解调、信道编译码）、数字中频处理、**AD/DA** 转换等。通信单元内置保密机，负责业务信息的加解密处理。

操作人员可以通过手机、计算机等操作终端通过控制接口实现控制设备工作能力，例如天线姿态调整、速率切换、链路状态查询等。

1）一体化天线射频单元设计

Ka 频段便携通用终端的一体化天线射频单元由收/发天线阵列、收/发组件、相控阵芯片、惯导和电源模块等部分组成。

天线采用宽带无源辐射阵面以及专门开发 **Ka** 频段宽带多通道芯片，把收/发集成在一个面板上。为了确保收/发隔离度满足要求，相控阵收/发阵面分开放置，阵面大小及整体布局如图 5-21 所示。

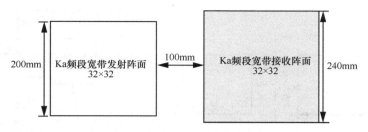

图 5-21 阵面大小及整体布局

一体化天线射频单元外形结构设计示例如图 5-22 所示。

图 5-22 一体化天线射频外形结构设计示例

2）通信单元设计

通信单元由多个嵌入式处理器、收/发中频模块和基带处理等功能单元组成，小型化主要通过各个功能单元的高集成度和紧凑性设计实现。

高集成度设计包括器件选型和电路设计两方面。器件选型方面，主要通过电路板上尽可能采用小型或微型器件封装、板间和部件间尽量采用微型连接器和微型射频连接线缆连接、大体积分立元件选用扁平型封装等方式实现高集成度设计。

紧凑性设计主要通过合理布局印制板上各功能单元实现，增加板层数和盲孔数使芯片布局更为紧密，通过板间高/矮器件叠层错位布局以减少空间占用等方式，可进一步降低信道主机的体积。

从电路原理上看，通信单元工作原理如图 5-23 所示。

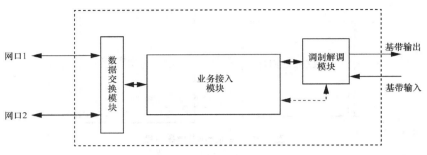

图 5-23　通信单元工作原理

（2）软件设计

为了提高 Ka 频段便携通用终端软件的可靠性、可理解性和可测试性。终端软件按组成分为通信单元和天线伺服单元，按功能分为主控软件模块和信号处理软件模块。软件设计采用自顶向下，由抽象到具体的方法，简化软件的设计和实现，使程序结构清晰、易阅读理解，便于维护。各个模块之间保持良好的独立性，接口明确，便于调试和扩展。各个模块内部具有良好的可伸/缩性，便于以后各模块功能的增加和减少操作。软件体系结构如图 5-24 所示。

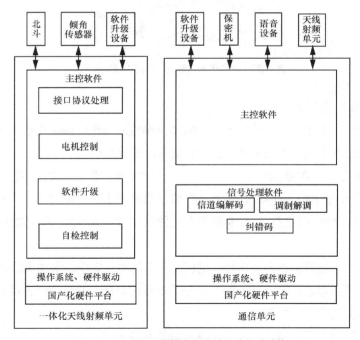

图 5-24　Ka 频段便携通用终端软件体系结构

（3）接口设计

· 空中接口：Ka 通信用户频段。

· 业务接口：LAN 业务接口：2 路千兆网口，符合 IEEE 802.3 传输数据业务；
　Wi-Fi：2.4GHz/5.8GHz 双模式，符合 IEEE 802.11。

（4）结构设计

一体化射频单元结构外形示例如图 5-25、图 5-26 所示。

图 5-25　一体化射频单元结构外形示例

图 5-26　通信单元结构外形示例

3. 链路计算

为保证终端在系统中的可靠应用，对终端传输能力进行了计算，链路计算中，选用低轨卫星，其计算参数见表 5-1。

表 5-1　卫星转发器主要参数

名称	单位	低轨卫星参数
转发器带宽	MHz	300
EIRPs	dBW	35.0
(G/T)s 值	dB/K	−2.0
饱和通量密度	dBW/m²	−94
输入补偿（Boi）	dB	6
输出补偿（Boo）	dB	3
极化方式		圆极化

便携终端采用 QPSK 调制方式、1/2LDPC 编码方式，EIRP 为 40dBW、G/T 值为 8dB/K，经系统链路计算，上行最大传输速率为 12.09Mbit/s、下行最大传输速率为 22.72Mbit/s，满足系统基本需求。

4．应用流程

便携站应用流程包括安装开通、业务运行等多个应用流程。其中，安装与开通过程包括远端站粗略安装、远端站精确调整固定、入网验证、1dB 压缩点确定等。远端站粗略安装，方法是根据信标结合对星界面进行粗略对星，保证远端站能够接收网管中心下发的信息；远端站精确调整固定工作是在粗略安装之后，通过接收中心站广播下发的数据库内容结合本站的定位信息、网管接收信噪比情况进行精确对星，完成精确对星后进行天线固定工作；远端站完成精确对星后，启动正式入网验证过程，保证设备的合法性；入网验证完成后，在中心站监控下，对远端站 1dB 压缩点进行测试，并作为该站最大传输能力，记录在功率控制服务器中。其工作流程如图 5-27 所示。

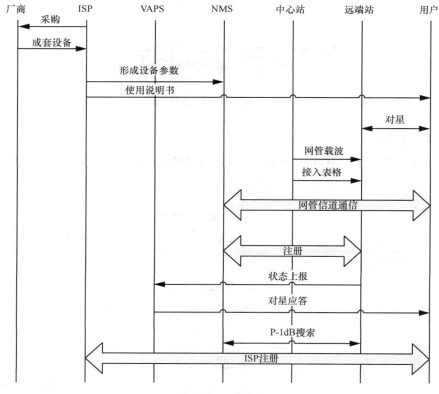

图 5-27　工作流程

入网后，便携终端具备基本的语音服务能力，其工作流程如图 5-28 所示。

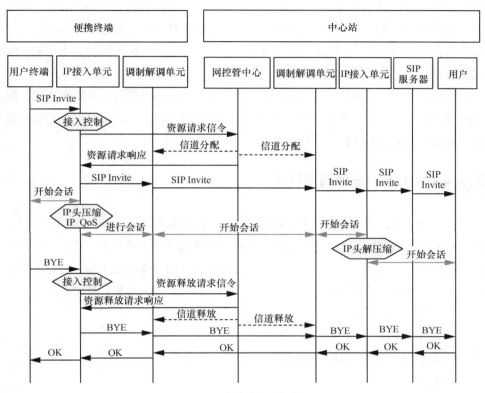

图 5-28　便携终端工作流程

由图 5-28 可见系统地面固定中心站部署 SIP 服务器，管理全网的 SIP 用户。在用户端布置接入控制单元，接入控制单元一方面代理本地的 SIP 用户向 SIP 服务器进行注册，另一方面通过对 SIP 呼叫信令的解析触发卫星信道的建立和释放，以保证 SIP 语音业务的传输。

SIP 业务在建立之前首先需要交互 SIP 信令，中心站的 SIP 服务器再将 SIP 发往被叫。

接入控制模块截取所有会话类业务的 SIP 信令信息，接收到的会话建立信息（如 SIP Invite），提取会话的媒体类型、编码名、用户终端的 IP 地址及端口号等信息。并将这些定性的信息转换为精确的定量 QoS 参数（如传输速率等）。依据定量 QoS 参数（尤其是比特率和包大小）和目标标识，触发卫星链路建立。

数据处理单元的接入控制模块检测到实时业务的呼叫信令后,向卫星资源管理中心申请本次会话的前向和返向卫星信道。一旦资源分配成功,通知接入控制模块,接入控制模块允许业务接入。否则拒绝业务接入。IP 接入设备模块还会对业务数据进行 IP 压缩,以节省卫星带宽资源。SIP 服务器进行 SIP 电话信令、媒体格式的转换。

视频、数据等多媒体业务一般通过部署在用户中心的多媒体业务终端实现,在便携站端正常入网后,建立点对点或多点之间的数据链路,并在用户中心的统一控制下完成多媒体业务的建立、释放。

5.3.4 Ka 频段车载通用终端

面向陆、海、空各类用户的间断的车载移动通信保障,配置 Ka 频段用户链路,实现窄带用户随遇接入,为用户提供基础电信业务服务,包括视频、数据、多媒体接入,设计了 Ka 频段车载通用终端,在 Ka 频段车载通用终端的基础上通过延伸设计出适用各种工作场合的动中通类终端,包括机载平台、火车平台等。

1. 性能指标示例

(1)功能要求

- 具备信标跟踪和星历跟踪能力。
- 具备高、低轨工作能力。
- 具备固定、便携派生扩展能力。
- 具有 LAN 口网络接入功能和 Wi-Fi 路由功能。
- 具备输出功率自动控制功能。
- 具备设备自检功能。
- 具备终端位置自动上报功能。
- 具备对终端卫星跟踪情况、工作状态、通信质量的状态指示功能。
- 具备数据访问控制、身份鉴别等安全防护功能。
- 具备移动平滑安全切换和可信保持能力。

(2)主要技术指标

- 工作频段:Ka 用户频段。
- 业务类型:IP 数据、Wi-Fi。

- EIRP：≥40dBW。
- G/T 值：≥8dB/K。
- 功耗：≤360W。
- 支持跨波束跨星移动切换的连续性。
- 重量：≤30kg。

（3）使用要求示例

- 工作温度

室外设备：-25℃～55℃。

室内设备：-10℃～55℃。

- 存贮温度

室外设备：-40℃～70℃。

室内设备：-40℃～70℃。

- 相对湿度：45%～75%。
- 气压：86～106kPa。
- 防护等级

室外设备：满足 IP65 要求。

室内设备：满足 IP52 要求。

- 供电：直流电供电，工作电压为 24V DC（兼容 12V DC）。
- 操作使用性能

设备操作简单，使用方便；对操作人员无特殊要求，按设备说明书即可正确操作。

- 外观和感官要求

产品外观应符合不同人的操作习惯，应与产品内在性能相结合，整体结构合理/美观/大方。

2．终端设计

（1）硬件设计

Ka 频段车载通用终端设计目的是满足车载平台用户对卫星网络接入的需求。为满足用户安装剖面低、卫星跟踪波束切换快速的需求，车载型通用终端以新型的相控阵天线作为卫星信号的接收和发射通道，由室外单元、室内单元两部分共同组成用户终端，室内、室外之间通过射频及数据线缆连接。车载型通用终端外部预留了丰富的用户接口，包括网口、Wi-Fi 等，可以满足计算机、手机等多种接入终端的需求。

1）室外单元设计

室外单元由天线阵列、天线座架、天线控制单元（ACU）等组成。天线采用平板阵列、齿轮传动 A-E 轴型座架，利用惯导设备提供的车体航向、横纵摇姿态信息以及北斗/GPS 提供的地理经纬度信息，完成天线初始捕星和遮挡后重捕功能。采用惯性导航引导与相控电子波束扫描组合跟踪方式实现对卫星的自动跟踪；伺服控制采取集成化和模块化设计，体积小、质量轻、工作可靠性高。

天线采用平板阵列设计，降低了装车高度；天线罩采用玻璃钢蜂窝夹层设计，天线罩损耗低；采用波导馈电设计，天线效率高；采用相控电子波束扫描跟踪技术，动态跟踪精度高，跟踪实时性好。

2）室内单元设计

室内单元由多个嵌入式处理器、收/发中频模块和基带处理器等功能单元组成，通过各个功能单元的高集成度和紧凑性设计实现。

室内单元选择了高性能 CPU 和大容量的 FPGA，CPU 是软件平台调度的核心，负责管理整个平台应用程序的加载和资源释放，当本地控制、网络控制需要进行调制解调模式切换时，CPU 加载对应的应用程序模块并释放当前业务资源，提供各模式的业务接入处理，同时兼作站控处理器及电源管理器；FPGA 实现调制解调基带处理及系统内部互联接口处理。

（2）软件设计

Ka 频段车载通用终端软件设计与第 5.3.3 节 Ka 频段便携通用终端软件设计一致。

（3）接口设计

1）空中接口

支持高、低轨卫星，工作频率：Ka 用户频率。

2）业务接口

LAN 业务接口：2 路千兆网口，符合 IEEE 802.3 传输数据业务；

Wi-Fi：2.4GHz/5.8GHz 双模式，符合 IEEE 802.11 要求。

（4）结构设计

Ka 频段车载通用终端室外单元示意图如图 5-29 所示，可根据车载平台要求进行低剖面设计。

图 5-29 室外单元示意图

室内单元安装在车内标准机柜上，采用全封闭结构设计，具有较强的防护和电磁屏蔽能力。室内单元外形示意图如图 5-30 所示。

图 5-30 室内单元外形示意图

3. 链路计算

链路计算见第 5.3.3 节。

4. 应用流程

应用流程与 Ka 频段便携通用终端相同。

5.3.5 三化设计

通用终端主要由天线、射频、通信单元组成，通用化、系列化、组合化的三化设计应从相控阵天线、射频单元、通信单元 3 个方面进行。

1. 相控阵天线

（1）通用化设计

1）整机/单元级：控制器接收机组合与所研制的其他机械扫描类天线通用，软/硬件一样，能完全互换；定标与监控分机与所研制的其他相控阵天线通用，软/硬件一样，能完全互换。

2）模块/器材级：惯导完全通用。

3）软件：不同规格天线的天线控制软件、伺服环路控制软件和波控软件等通用。

（2）系列化设计

模块/器材级：电机和伺服驱动器选用系列化产品，仅驱动功率不同；电源模块选用系列化产品，仅输出功率不同。

（3）组合化设计

天线软硬件采用组合化、模块化设计，分为伺服控制模块、跟踪解调模块、伺服监控模块、伺服驱动模块、波束控制模块、定标与监控模块等，可按需组合，不同天线除伺服驱动模块功率不同、波束控制模块接口不同外，其他模块都是通用的。

2. 射频单元

（1）通用化设计

1）射频结构设计采用标准通用结构，对外接口关系简单明了，接插件选用以往项目中大量使用的常规型号，以保证产品质量、缩短研制周期、减少设备接口复杂程度。

2）100MHz 锁相晶振模块、晶振分路器、监控单元及电源模块与其他变频器产品中所使用的模块相同，可以互换；上变频器频综模块与下变频器频综模块仅部分印制板不同，模块结构与多数印制板可以通用。

3）产品已使用在海军卫通地面固定站，技术成熟，性能可靠。

（2）系列化设计

1）射频单元已经按照系列化标准要求完成了产品的研制。

2）已完成系列化射频单元产品线研制，适用于地面固定站、车载站、舰载站和机载站等。

（3）组合化设计

1）射频单元在设计时，一方面，要保证满足功能独立、标准化设计、使用合理、管理方便、维修方便等要求；另一方面，工作模块一定是可组成设备的相对独立的功能单元，具有通用性、标准接口、现场可更换等特征。

2）射频单元主要由频综模块、第一次混频模块、第二次混频模块、中频滤波器模块、主备倒换模块、100MHz 锁相晶振模块、晶振分路器模块、监控单元及电源模块九大部分组成，各部分均为独立模块。其中中频滤波模块、主备倒换模块、100MHz 锁相晶振模块、晶振分路器模块、监控单元及电源模块均为通用模块，大量应用于其他型号射频单元中，具有高度的可互换性和可维修性。

3．通信单元

（1）通用化设计

1）整机/单元级：系统控制单元、调制解调单元等与所研制的其他型号 VPX 架构终端通用，硬件完全一样，能完全互换。

2）模块/器材级：中频收发模块等完全通用。

3）软件：所研制的不同型号的调制解调软件、接口软件等完全通用。

（2）系列化设计

1）模块/器材级：电源模块、滤波器选用系列化产品。

2）现有多功能终端基本都是按照 VPX 标准设计，结构方案基本相同。

（3）组合化设计

1）通信单元在设计时，一方面，要保证满足功能独立、标准化设计、使用合理、管理方便、维修方便等要求；另一方面，工作模块一定是可组成设备的相对独立的功能单元，要具有通用性、标准接口、现场可更换等特征。

2）通信单元采用组合化、模块化设计，分为调制解调单元、系统控制单元等，各个模块独立存在，极大地提高了设备的维修性和互换性。

5.3.6　自主可控设计

天地一体化网络的终端建设过程中，自主可控是一项重要的设计要求，本节以一款典型的卫星通信终端为示例，给出了终端自主可控设计的一般要求与分解统计方法。

1．相控阵天线

（1）主要硬件

目前，相控阵天线绝大部分结构件、支撑件、元器件等均可以自主生产或国内配套，个别元器件属于进口芯片，一款典型的 Ka 频段相控阵天线自主可控汇总见表 5-2。

表 5-2　典型的 Ka 频段相控阵天线自主可控汇总

部件	国产芯片/结构部件情况	进口芯片/结构部件情况	国产化率
天线座架	结构件、支撑件、齿轮、旋转关节等全部自主生产	无	100%
方位电机	电源、二极管、三极管等 30 只芯片	单片机、CAN 高速收发器等 3 只芯片	91%
控制器接收机组合	晶振、放大器芯片、存储器、电源模块、接口芯片等 52 只芯片	DSP、ARM 高速收发器等 5 只芯片	90%
双线极化天线单元	结构件、介质材料等全部自主生产	无	100%
有源射频组件	低噪放、功放、驱放、多功能芯片等 27 种芯片全部自主生产	无	100%
结构支撑框架和散热设备	结构件、散热结构、风扇等全部自主生产	无	100%
馈电网络	贴片电阻、接插件、结构件等全部自主生产	无	100%

（2）主要软件

天线包括伺服环路控制软件（基于 DSP 开发）、天线控制软件（基于 DSP 开发）和波控软件（基于 FPGA 开发）。三款软件以及其软件实现算法都具有完全自主知识产权，前两款软件基于标准 C 语言开发，波控软件基于 VHDL 语言开发，其核心控制算法在其他机载站工程中已经广泛使用，满足自主可控的开发要求。

2．射频单元

（1）研制技术自主可控

射频单元实现方案、关键技术及主要模块的设计与实现均由国内研究机构完成，以满足技术能力自主可控要求。

依照科研生产管理流程，射频单元设计及研制过程所产生的技术文档及设计文档均完成审批流程和电子归档。

（2）生产质量自主可控

射频单元的生产流程包含物资齐套、电装、螺装、高低温老化筛选、调制、测试、加电拷机、喷漆防护、高低温摸底、自检、专业部检、环境试验等。以上生产流程均在研究机构内完成，符合所内质量管理体系要求。

（3）核心器材自主可控

射频单元主要模块组成见表 5-3，除主机倒换开关为进口模块，其余模块均为国内自主产品。

表 5-3　射频单元主要模块

名　称	数量	采购厂商	是否国产
监控单元	1	自研	是
滤波器	1	国内单位	是
电源	1	国内单位	是
晶振分路器	1	自研	是
射频倒换开关	1	杜科蒙公司 Ducommun Inc	否，美国
中频倒换开关	1	雷迪埃公司 RADIALL	否，法国
混频	1	自研	是

自研模块中使用的电阻、电容和电感器件均为国产器件。核心器件（如晶振分路器中的 10MHz 恒温晶振、100MHz 锁相晶振模块中的 100MHz 恒温晶振、频综模块中的 CRO 和 VCO）均选用国内产品。

（4）软件自主可控

射频单元监控程序以及内部频综模块、混频模块的嵌入式软件均使用 C 语言开发，基于 ARM 或 C8051 单片机等嵌入式平台，在应用软件方面完全自主可控。

3．通信单元

（1）研制技术自主可控

通信单元的实现方案、关键技术及主要模块的设计与实现均由国内研究机构独立完成，研制技术完全自主可控。

（2）生产质量自主可控

通信单元的研制生产流程包含物资齐套、电装、螺装、高低温老化筛选、调制、测试、加电拷机、喷漆防护、高低温摸底、自检、专业部部检、环境试验等，以上生产流程均符合质量管理体系要求。

（3）主要硬件自主可控

通信单元主要组成见表 5-4，所有组成模块均为国内自主产品。

表 5-4　通信单元主要组成模块及采购说明

名称	数量	采购厂商	是否国产
调制解调模块	2	自研	是
系统控制模块	1	自研	是
电源模块	2	自研	是

自研组成单元中使用的电阻、电容和电感器件均为国产器件，均选用军品级和工业级以上质量等级的标准元器件产品。

（4）主要软件自主可控

通信单元的软件主要有调制解调软件和系统监控软件，其中调制解调软件基于 FPGA 硬件平台，采用 VHDL 语言开发；监控软件主要基于单片机平台的标准 C 语言开发，软件实现算法具有完全自主知识产权，满足自主可控的开发要求。

参考文献

[1] 薛珂, 叶淋美, 朱杰. 铱星移动终端监测方法探索[J]. 中国无线电, 2021(3): 33-37.

[2] 薛静静, 张学玲, 吴小松. 新型海事卫星通信系统发展浅析[J]. 中国无线电, 2021(5): 86-89.

第 6 章

地面信息港

　　本章介绍了地面信息港的概念内涵，分析了地面信息港的基本特征和功能定位，给出了技术架构和系统组成，按照技术架构，概述了地面信息港的公共基础设施、服务开放平台、业务应用层、运维管理、安全保密和标准规范等"三层三纵"6 个方面的基本内容，最后介绍了地面信息港的服务能力和服务类型等内容。

地面信息港是天地一体化信息网络应用服务的重要载体，是空间信息应用服务的枢纽。依托天地一体化信息网络"高速公路"，地面信息港可实现时空数据的汇聚、存管、处理、分析和应用。通过地面信息港的"物理分布、逻辑统一、港间互联"，构建"全国一个港"的天基信息地面应用服务体系，可为天地一体化信息网络从带宽服务转变为数据、内容服务提供开放的平台环境。

|6.1 概念内涵 |

6.1.1 港口的概念

港口指具有水陆联运设备以及条件供船舶安全进出和停泊的运输枢纽，是水陆交通的集结点和枢纽，进出口物资的集散地，船舶停泊、装载货物、上下旅客、补充给养的场所。从特征上分析，港口具备交通极其发达，基础设施条件完备，人、货物有序进入，资源流动共享，整体有序运转等五大特征。港口在本质上加速了人、货物资源的流动，极大地缓解了地域资源不对称的问题。

6.1.2 信息港的概念

信息港将港口的理念延伸到了信息领域，是国家信息基础设施在大中城市及周边地区的信息基础设施总称，它既是该地区信息传输、集散、共享与服务的支撑，也是与国家信息基础设施及其他网络互联的信息中转港口。从特征上来看，信息港以信息为主要对象，集信息的生产、传输、加工、利用、管理于一体，具备大容量的网络服务能力、强大的计算存储等信息基础设施、海量异构信息的开放接入能力、强大的信息共享和处理能力以及高效智能的资源管理调度能力等五大特征。信息港在本质上加速了信息、数据资源的共享和流动，目标是缓解信息不对称的问题。

6.1.3　地面信息港的概念

针对我国空间信息应用服务体系中存在的基础设施建设、数据共享和信息服务等方面的实际问题，本节借鉴"港口"随遇接入、开放通用、资源共享和"节点+链接"的设计理念，提出了分布式地面信息港的概念和建设设想。地面信息港面向国家时空信息应用服务开放共享需求，以天地一体化信息网络为核心网络，构建"物理分布，逻辑统一"的全国分布式云服务信息基础设施，汇集网络、通信、导航、遥感、地理信息及其他多源异构时空数据，聚合信息的生产、加工、融合、增值，服务的开放、共享、智能，以及面向用户差异性的应用服务的快速构建于一体，为政府、军队、行业、企业和公众等各类用户提供透明、一致、可靠、高效的天地一体化时空信息服务能力。力争打造基于网络信息体系思维的自主安全、敏捷高效、泛在开放的天地协同网络化时空信息服务平台。

地面信息港作为天地一体化信息网络地基节点网的重要组成部分（如图 6-1 所示），将为天地一体化信息网络从带宽服务转变为数据、内容服务提供开放的平台环境。地面信息港是空间数据生产、传输、加工、管理的核心，能够提供大规模的计算、存储资源，为海量异构天基数据的存储、分析、共享和综合利用提供支持。地面信息港通过标准接口接入地基节点网络，通过天地一体化信息网络，面向政府、企业和社会公众等提供基础和增值的数据应用服务，支撑产业化、商业化、大众化、综合化、专业化、一体化的服务体系，是分布式服务体系的呈现形式，是落实全国一体化数据中心建设的基础支撑和重要组成。

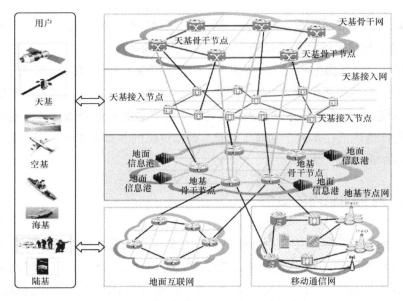

图 6-1　天地一体化信息网络地面信息港节点

| 6.2　基本特征与功能定位 |

6.2.1　基本特征

地面信息港按照"打牢共用、整合通用、开放应用"的理念设计，底层云基础设施和中间层基于微服务架构的异构服务模块动态集成管理平台，使地面信息港具备了基础性、开放性、平台性、兼容性等特征。面向异构多源数据共享和服务的目标，打通了从数据获取、处理到服务的全技术流程，使地面信息港具备了多源性、完整性、安全性和一致性的特征。

1. 基础性

地面信息港是空间信息应用服务的基础设施（平台），面向各行业时空信息应用服务通用性、开放性的需求，对基础性资源进行分析建模，提供时空信息应用研发和服务开展必备的计算、存储、数据资源以及基础性的模型库、开发工具、服务注册、编排、服务发布工具以及其他基础环境。

2. 开放性

地面信息港是时空信息服务的港口，具备数据、服务和用户接入的开放性；支持不同地域、不同行业、不同属性的应用服务接入，支持从网络超链接、模块算法接入到整套系统，部署不同程度的服务接入方式；支持政府、军队、企业、科研院所等机构用户，也支持普通大众用户。

3. 平台性

地面信息港连接时空信息服务提供商和用户，为服务提供商和用户建立枢纽，为时空信息服务厂商搭建展示平台，任何用户都可以将自身开发的时空信息服务以多种方式接入地面信息港并对外提供服务。时空信息服务用户可通过地面信息港浏览、选购、定制时空信息产品和服务。地面信息港为服务提供商和用户提供全面服务保障。

4. 兼容性

采用微服务架构设计，发布标准接口和封装标准，允许多类型算法、模型及服务接入。采用模型库和服务流组装技术开发，实现对各种应用开发的支持，兼容不同应用需求的应用系统搭建，可根据任务实现要素的灵活重组、规模的动态扩展，构建基于时空大数据基础平台的应用研制、验证、发布、持续集成与管理体系。

5. 多源性

地面信息港可面向国家和社会需求，建设一个数据丰富、功能齐全的多源时空数据共享服务系统，实现对多行业海量结构化、半结构化和非结构化数据的接入、预处理、存储和共享功能；包括但不限于人文、经济、政务、通信、导航、遥感等数据类型，最后形成全面整合、集中一致的多源时空数据库。

6. 完整性

覆盖从数据获取、数据管理、计算资源配置、数据处理、模型库调用、服务组装到产品服务的全流程，完整展现时空信息应用服务。具备企业级超算资源配置、数据托管与维护、时间敏感性计算、分层内生安全机制；具备高效优质数据检索供应、流水线的时空数据产品加工生产、非标准工具的标准化封装与集成、面向业务的工具包即时组合等能力。

7. 安全性

具备可靠完善的安全防护体系。从模块化、低耦合、端到端及纵深防御思想出发，参考国内外相关的安全规范和标准，覆盖硬件安全、网络安全、系统安全、用户安全、交易安全等，确保提供安全的系统环境，并符合相关安全法规和最佳实践。

形成与天地一体化信息网络上下结联以及各地面信息港相互之间的安全运行维护、管理、监测与预警的安全管理平台。

8．一致性

地面信息港按照"物理分布、逻辑统一"的理念建设，各港专线互联，利用网络资源虚拟化、软件定义网络、云计算等信息技术，实现逻辑"全国一个港"，每个分港在系统架构和技术体制上保持一致，支持全局数据共享和服务共享，支持异地港之间互联互通、信息交换。

6.2.2 功能定位

地面信息港的建设通过汇聚多源异构时空数据，构建时空信息服务平台，打造新型时空数据枢纽，面向各类用户开展时空信息服务典型示范，助力构建新型国家时空信息服务体系。其功能定位如下。

1．打造新型时空数据服务枢纽

以打造战略性信息服务基础设施为目标，开展地面信息港建设，依托天地一体化信息网络，汇聚多源异构时空数据，搭建分布式云公共基础设施环境，部署统一服务开放平台，实现"网络+通信、遥感、地理信息、定位导航"的信息融合，集散行业信息应用产品，提供"超市、实验室、工场"等综合服务模式，拓展二、三级市场空间，打造新型时空数据服务枢纽，如图 6-2 所示。

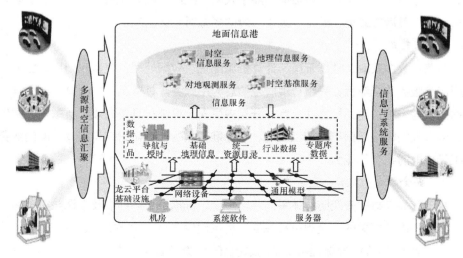

图 6-2　时空数据服务的枢纽

2. 开展时空信息服务典型示范

结合信息港部署地区对时空数据的应用需求，积极开展行业、领域相应增值服务探索，接入政务网、城市网、互联网等数据，在国家应急管理、减灾防灾、自然资源监测、公共安全、环境监测、智慧城市等行业，网络信息服务等领域开展典型应用示范系统建设，为地方政府、垂直行业等各类用户提供一致、可靠、高效的天地一体化时空信息服务，深入多层级用户需求，提供深度定制产品，补足行业应用短板。

3. 助力国家时空信息服务体系构建

以"服务区域经济、匹配国家战略、支持跨域协同、聚焦安全发展"为指导，按照"物理分布、逻辑统一"的建设思路，在全国重要地市建设地面信息港，并依据地方特色开展运营服务，致力打造全国一体化的国家时空信息服务体系，为地方政府、垂直行业等各类用户提供一致、可靠、高效的天地一体化时空信息服务。

概括而言，地面信息港具有两大定位：天地一体化信息网络的数据承载平台和基于天地一体化信息网络的服务平台，即地基节点网的数据中心和连接地基网与应用系统的服务中心双重任务。

具备三大功能：（1）通过地基节点网信关站，承接天地一体化信息网络自身生产、传输、中继的通信和运维管控等数据的载体功能；（2）具备进行网络、通信、导航、遥感、地理信息及其他多源异构时空数据汇聚及管理的数据平台功能；（3）具备依托天地一体化信息网络，基于分布式云环境和服务开放平台提供网络和信息的服务功能。

|6.3　技术架构与系统组成 |

6.3.1　技术架构

地面信息港按照"打牢共用、整合通用、开放应用"的理念，分为"三层三纵"技术架构，即共用（公共基础设施）、通用（服务开放平台）、应用（服务系统）3 个层次，以及纵向贯穿 3 个层次的标准规范体系、安全保密体系和运维管理体系。其技术架构如图 6-3 所示。

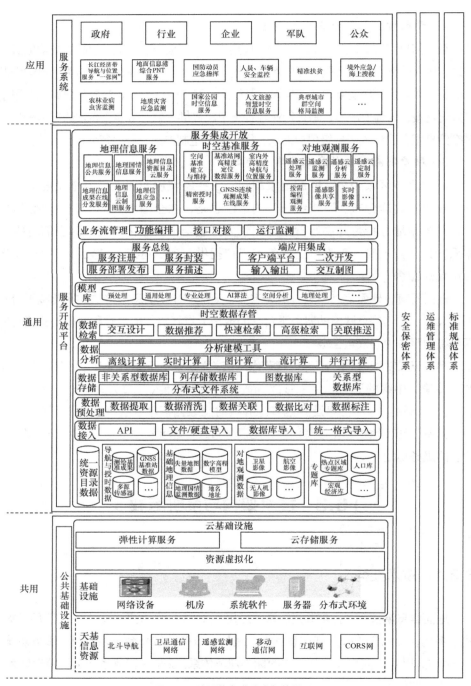

图 6-3　地面信息港技术架构设计

1. 公共基础设施

依托天地一体化信息网络和地面互联网，提供跨域的计算存储集群，实现地面信息港的容灾备份和集中管控，采用软件定义计算、存储、网络等手段，提取所有硬件资源并将其汇集成资源池，形成虚拟的基础设施层，支持安全、高效、自动地为应用按需分配资源，形成灵活、弹性、高效和可靠 IT 服务的计算环境，为地面信息港多源时空数据在遥感、测绘、导航、侦察等领域的综合应用提供强大的计算、存储、网络支撑能力。

2. 服务开放平台

服务开放平台是地面信息港空间信息资源共享和应用的核心平台。基于数据共享和应用开放的建设理念，其建设思路首先将目前封闭的应用系统进行数据剥离和模型剥离，一方面实现对多源异构数据的统一存管，另一方面提供开放服务平台，将算法、模型、服务等基础资源进行集成，实现统一化、标准化管理。另外，服务开放平台提供统一的可视化输出窗口，用户可基于数据和服务资源实现自定义生产和显示。地面信息港服务开放平台业务流程示意图如图 6-4 所示。

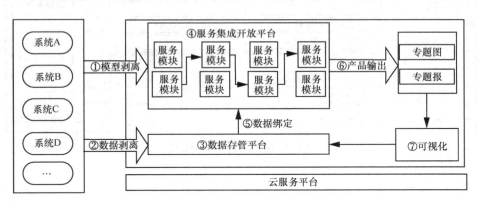

图 6-4　地面信息港服务开放平台业务流程示意图

（1）时空数据存管

建立数据体系是地面信息港进行时空数据一体化接入、管理、处理、分析和发布的基础，有助于建立统一的数据时空模型，实现多源异构数据的有效集成与融合。时空数据存管平台主要提供数据接入、数据预处理、数据存储以及数据分析等功能，实现对统一资源目录数据、导航与授时数据、基础地理信息数据、对地观测数据、专题库数据等资源的组织和运用。

（2）服务集成开放

服务集成开放是对各类业务应用中共用性、支撑性组件的标准化封装，旨在实现服务与应用分离，在数据统一存储和管理的基础上，通过服务接口，为上层业务应用提供服务总线、应用支撑服务、模型算法库和集成开发环境及可视化系统，实现统一、高效的数据和应用服务支撑。服务集成管理平台可提供地理信息、时空基准、遥感等基础服务，图像处理、目标识别等高级服务，并通过业务编排实现气象、灾害、环境、空间规划等专题服务。服务集成管理平台原理如图 6-5 所示。

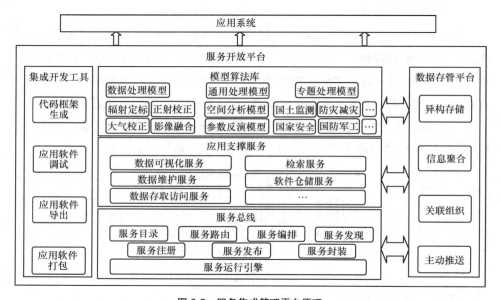

图 6-5　服务集成管理平台原理

3．服务系统

通过对多数据源、多时相的时空信息的统一组织、存储、处理和管理，组合服务开放平台层提供的各类模块、算法以及通用服务，按照行业用户应用需求，构建形成业务应用系统，包括灾害评估、自然资源监测、海洋信息管理、综合 PNT 服务、国防动员应急指挥、智慧旅游等多种类型的应用。

4．运维管理体系

融合大规模集群监控领域先进技术，采用模块化软件体系架构、层次化设计路线、插件式基础架构，实现一体化的设备、网络、数据和应用系统管理平台，从运维、运行、运用 3 个层面实现全方位运维管理。

5．安全保密体系

针对大规模网络化地面信息港安全防御需求，构建以大数据云平台为核心，覆盖云基础设施安全、数据安全、应用安全、终端安全多层级的"云+端+边界"全方位的安全防护体系，实现纵深联动防御与天基信息服务体系的融合。

6．标准规范体系

参考国标和行业标准，结合地面信息港总体架构设计，开展地面信息港标准体系分析梳理，按照"框架先行、分类实施、迭代完善"的推进思路，研究建立开放的标准体系框架，提出标准梳理、框架研究、标准修订建议与措施等。地面信息港将构建覆盖基础设施、数据管理、业务应用、系统开发、运维管理、安全保密等方面的统一标准规范体系。

6.3.2　系统组成

按照地面信息港技术架构，提出了地面信息港的基本系统建设思路，读者也可根据实际情况自行拓展。地面信息港系统组成如图 6-6 所示。

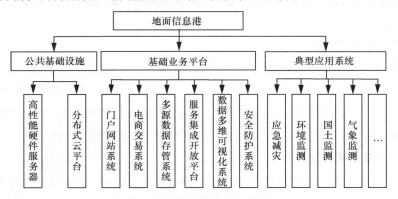

图 6-6　地面信息港系统组成（建议）

地面信息港系统可由 3 个部分组成：公共基础设施、基础业务平台和典型应用系统。

1．公共基础设施

公共基础设施包括高性能硬件服务器和分布式云平台。建设基于自主可控的高密度、高效能基础设施，支撑地面信息港运行平台、中间件及各项应用系统的计算、存储、网络等基础设施能力。搭建云服务平台，为地面信息港系统提供敏捷高效、弹性抗毁、开放共享的服务支撑保障。

2．基础业务平台

（1）门户网站系统

地面信息港统一入口平台，提供产品查询、展示、共享和定制的平台，主要将各个子系统的功能服务和业务服务进行集成，为其他子系统提供支持。

（2）电商交易系统

搭建地面信息港电商交易系统，实现数据、服务等资源的共享交换。

（3）多源数据存管系统

基于天地一体化信息网络，实现网络数据汇聚，实现多源异构数据的一体化存储和管理。

（4）服务集成开放平台

基于微服务技术架构，实现不同行业领域基础服务的封装和注册，建立服务集成开放平台，实现服务的在线注册、测试和管理，统一服务接口规范，实现服务的共享和交换。

（5）数据多维可视化系统

为用户提供数据综合可视化系统，可实现静态、动态数据的展示，并可提供信息提取功能。

（6）安全防护系统

完善的安全防护体系是地面信息港提供信息服务的重要基础。地面信息港应从硬件安全、网络安全、系统安全、用户安全、支付交易安全等多层次、多方面提高安全防护等级，建设地面信息港与天地一体化信息网络上下级联以及各地面信息港相互之间的安全运行维护、管理、监测与预警的技术和工作管理平台。

3．典型应用系统

典型应用系统是面向典型业务应用场景，基于对时空大数据基础平台计算存储、数据、服务等资源的综合组织和运用，构建的业务应用，可演示和验证地面信息港支撑下时空数据和服务的运用模式。

| 6.4　服务能力 |

根据前面所述的地面信息港的两大定位和三大功能。相应地，地面信息港的服务能力，可分为网络业务服务、云资源服务、数据产品服务、算法模型服务和行业综合服务。

6.4.1　网络业务服务

网络业务服务是天地一体化信息网络的核心业务。地面信息港可为网络需求用户提供统一的入口平台。用户通过地面信息港门户进行网络业务申请操作（含注册、登录等），业务类型包括用户入网/退网申请、终端入网/退网申请、移动通信申请、宽带业务申请、数据中继业务申请、管控业务申请功能。随后，系统将用户申请的业务表单内容通过门户后台传递至天地一体化信息网络运维管控中心，并接收运维管控的反馈信息，通过可视化平台呈现给用户。

6.4.2　云资源服务

地面信息港是基于云环境的信息服务平台，具备提供基础设施服务层和平台服务层的相应服务能力。基础设施服务即利用云虚拟化功能根据用户需求实现计算资源、网络资源和存储资源的动态分配和管理。平台服务即可为地面信息港提供计算、存储、网络或者其他基础性资源，实现分布式计算能力和存储能力；提供程序的运行环境以及相应的信息处理能力；实现应用程序的自动部署和运行，提高应用程序的开发效率；实现港与港之间的资源共享能力等，云服务架构如图 6-7 所示。

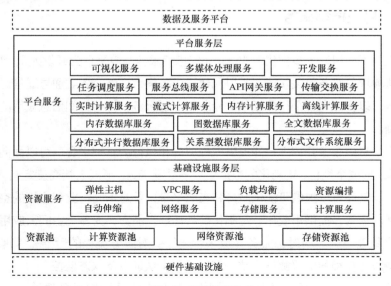

图 6-7　云服务架构

6.4.3 数据产品服务

多源数据整合与管理是地面信息港系统功能之一，面向不同来源、不同属性、不同需求的航天遥感数据、航空遥感数据、导航定位数据、观测站点数据、基础地理数据、专题产品数据、社会经济数据等，进行统一的数据接入与管理，对外提供统一全局视图，支持数据的一体化高效查询检索，并能依据网络条件与用户需求进行高效的数据共享与分发。另外，地面信息港支持对原始数据进行加工处理，形成高级专题产品，支撑行业应用，例如气象、资源、测绘、海洋、环境减灾等航天遥感数据 1 级、2 级、3 级、4 级数据产品的处理生产，可面向国土测绘、灾害监测、环境保护、自然资源监测等业务需求，提供多样化数据产品服务。AIS 数据作为导航定位数据的一种，提供原始数据服务接口，同时利用地面信息港集成的 AIS 分析服务，可提供轨迹分析、港口监测、区域预警等增值产品服务。社会经济数据是涵盖区域人口分布与结构、国民生产总值、经济发展指数、设施建设等反映区域社会和经济发展程度的统计报表数据。社会经济数据经过空间化与地理时空数据进行数据融合，主要在国土、农业等行业实现社会经济信息运行与统计服务、政务空间决策知识服务和时空信息网络感知与地理情报服务等应用。

6.4.4 算法模型服务

为满足不同用户的多样化需求，地面信息港服务开放平台为开发人员/科研人员提供算法模块的服务封装功能，并以此建设服务集市，整合各类通导遥信息处理的基础服务，以及面向各个行业领域的专业、专题服务，打造空间信息应用的云端服务生态圈。

地面信息港服务开放平台能提供流程编排和执行的基础平台，可以面向行业和应用需求，形成个性化、定制化的数据生产与处理能力，形成云端高度定制化的"数据工场"。其还可以提供可视化服务和集成平台，针对不同行业和应用的空间信息可视化展示需求，提供集成化、定制化的数据展示能力，为各类空间云应用提供前端可视化基础设施。同时，服务开放平台还提供对服务流程的运维和管理基础设施，支持服务流程的部署测试、统一配置、安全认证以及状态监控。

地面信息港服务开放平台采用微服务的技术体系完成平台建设，提供可扩展、可定制、可伸缩、可协同能力，支持业务的按需定制、随需而变和高效协同。基于微服务架构模式，实现算法模型的在线测试、管理与应用，用户可根据应用领域需求动态灵活使用平台的算法模型资源。服务集成与管理示意图如图 6-8 所示。

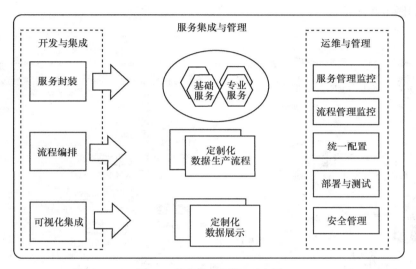

图 6-8　服务集成与管理示意图

6.4.5　行业综合服务

地面信息港具备完备的基础设施资源、数据资源、算法模型资源，可面向行业需求提供软硬一体的业务平台解决方案，提供天基数据资源与业务数据的融合分析产品设计与生产方案，支持行业业务运行与创新发展。

| 6.5　服务类型 |

地面信息港是天地一体化信息网络的数据中心和服务中心，分布于各重要省市和地区，由于各地方地面信息港的建设需求不同，不同地方地面信息港所提供的数据和服务也有所不同。为最大限度满足各地面信息港的数据和服务需求，通过地面信息港之间的链接可实现数据和服务资源的共享和分发，包括但不限于卫星遥感数据、卫星通信数据、卫星导航数据、行业数据以及各专项应用服务。同样为保障数据和信息安全，各地面信息港间的链路通过专线进行互联传输。针对日常普通业务和应急业务需求，各地面信息港间需要满足非实时传输和实时传输两种传输速率设计要求。地基节点网、地面信息港与用户拓扑关系如图6-9所示。

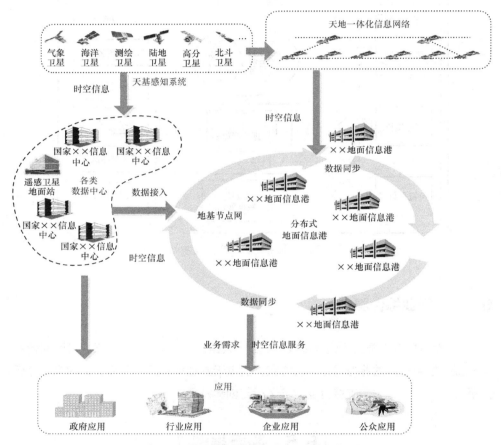

图6-9　地基节点网、地面信息港与用户拓扑关系

另外，为推进地面信息港的可持续运营发展，目前，基于技术架构分析，主要设计了3种商业服务类型，即超市服务、实验室服务和工场服务。超市服务主要面向有数据或服务资源需求的用户；实验室服务主要面向高校或科研机构用户；工场服务主要面向政府或企业用户。

6.5.1　超市服务模式

超市服务是地面信息港提供的一种最简单直接的时空信息服务类型。地面信息港将分散式、碎片化、标准不齐、类型各异的时空信息数据资源和行业专业处理算法模块进行整合，形成专题产品处理生产能力。同时，各地方地面信息港互联互通，货架产品可共享交换、互相补充，最大限度地满足不同地域用户的资源产品需求。根据地方政府、行业部门和有关企事业单位等用户群体提出的定制化服务需求，为其提供数据资源服务和专题产品的定制服务。其中按需定制特定区域、特定行业的专题产品，可通过"请求—响应"的机制完成单次任务的服务，也可进行"任务规划—定时推送"的机制完成特定时间内的成套专题产品定向推送服务。超市服务流程示意图如图 6-10 所示。

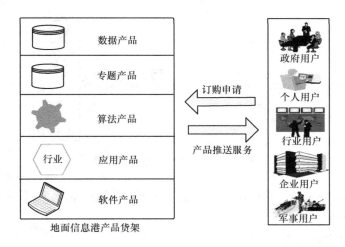

图 6-10　超市服务模式流程示意图

针对时空数据的获取，地面信息港系统超市服务模式的实现流程如下。

（1）政府/行业/企业/个人用户浏览各自终端的元数据目录，并输入一定的查询条件，检索是否有所需的数据提供者。

（2）根据检索结果，可以选择数据提供者，转接到数据提供者门户，进行用户注册并提交数据请求。

（3）可进一步选择数据配套的产品，并设置时间序列、周期、范围、产品内容的约束等。

（4）用户完成订单支付后，服务端将向用户一次性或定期推送生产的数据成品，支持相关行业分析应用。

6.5.2 实验室服务模式

实验室服务模式由地面信息港提供一套标准化的服务开发接口和服务注册部署流程，高校、科研院所、业务单位等用户可将自己的研发模块和试验数据进行上传，通过测试后可作为应用资源提供给第三方用户，形成线上资源交易平台；各类用户可线上选择可用的数据与应用资源进行组合，完成特定应用需求的功能实现与产品产出。各地方地面信息港用户服务资源也可基于互联互通实现共享交易，实现用户受益和服务增值。其服务模式使用视图如图 6-11 所示。

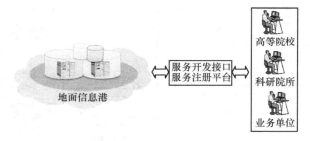

图 6-11　实验室服务模式使用视图

地面信息港的实验室服务向用户分发的主要有数据产品服务、软件应用服务和资源封装发布服务。

1．数据产品服务

地面信息港以数据产品服务的形式向用户提供各类型数据产品，包括各类包装后的影像数据、专题地图数据、矢量地图数据等。

2．软件应用服务

地面信息港以在线处理服务的形式向用户开放使用各类业务模块，通过 Web 浏览器完成业务操作，实现远程在线业务运行和产品生产。

3．资源封装与发布服务

面向科研院所、高校、行业技术人员开放地面信息港应用服务统一封装接口，提供数据与算法资源的自动封装与发布服务。

6.5.3　工场服务模式

工场服务模式指地面信息港提供的一种更高层次的应用支撑能力，为行业用户提供软硬一体的解决方案。行业时空信息提供者将各自所能提供的信息在地面信息港系统注册并接入保存，系统根据用户需求和业务要求进行升级改造，提供定向的数据加工能力，将各种用户提供的不同需求，根据特定规则进行加工，生成满足特定任务的时空信息专题产品并发布共享，以及提供功能服务、高性能计算服务等，从而实现服务增值。工场服务模式使用视图如图 6-12 所示。

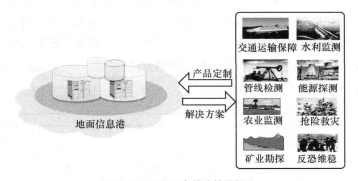

图 6-12　工场服务模式使用视图

工场服务模式主要为不同行业的用户或政府机构提供定制化的产品生产与最终产品提交的全过程。主要为政府/行业提供面向不同应用的数据产品、软件产品、应用服务产品以及行业解决方案 4 类产品。工场服务以产品工厂形式进行产品共享、交易以及服务应用，产品涵盖由内部研发人员生产的自营产品和外部服务商（创客）提供的第三方产品。工场服务的服务功能包括产品定制和定制化生产。

1．产品定制

不同行业/区域/政府用户根据各自的行业应用，向地面信息港提出各自不同的行业产品定制需求。产品定制主要提供如下两种类型的产品定制。

（1）通用产品。如海量遥感初级数据产品，基础地理信息地图产品、PNT 数据产品等。

（2）非通用产品。主要为针对用户行业应用，需要以产品工厂再生产制造的数据产品，如针对应急部门的应急救灾专题地图、针对交通部门的道路流量分析等。

2. 定制化生产

在用户完成产品的定制需求后，地面信息港作为产品工厂进行产品定制化生产。

| 6.6 运维与安全 |

6.6.1 运维管理

为保障地面信息港的正常运行，面向高可用性与安全性的运维目标，针对地面信息港中云基础设施、系统与数据、管理工具、人员等运维对象，构建一体化运维保障体系，为基于地面信息港的天地一体化信息服务体系建设提供高效、可靠的运行保障环境，提高系统稳定运行的可靠性和稳定性，保障各类资源监控和运维保障流程的执行力度和水平。运维保障体系如图 6-13 所示。

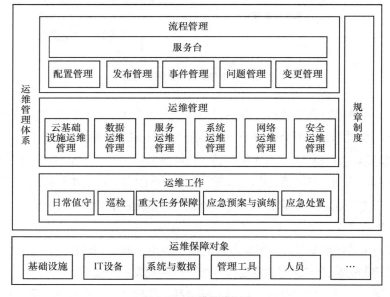

图 6-13 运维保障体系

1. 流程管理

在对各类软硬件资源监控管理的基础上，针对各类运维保障事件，基于标准化的运维业务流程，提供事件管理、问题管理、变更管理、配置管理等自动化运维处理功能。

2．运维管理

主要负责机房、设备、网络系统以及应用系统的维护管理，对系统整体的运行情况进行监控，对出现的问题及时报警，包括云基础设施运维管理、数据运维管理、服务运维管理、系统运维管理、网络运维管理、安全运维管理等方面，通过该系统，运维人员可以从各个角度掌握地面信息港的整体运行情况，收集各种事件信息和配置信息，并在此基础上进行综合分析，开展故障的定位和排除；同时，运维人员可以在各类管理信息的基础上建立综合分析指标，反映整个地面信息港环境的总体运行情况和趋势，对可能出现的问题进行研判和预警。

3．运维工作

以现场运维为主、远程运维管理为辅的方式进行，包括日常值守、巡检、重大任务保障、应急预案与演练、应急处置等，对运维工作进行详细的记录，生成相应的运维工作报告。

4．规章制度

参照 IT 运维管理及相关标准规范，制定适应地面信息港具体情况的运维管理规章制度，对运维工作从制度上进行规范和管理，使运维工作"有法可依"。规章制度主要包括数据管理制度、档案管理制度、日常值守管理制度、运行日志管理制度、服务器配置规范、存储系统配置规范、系统升级规范、数据备份、恢复规范、重大活动保障规范与应急预案等。

6.6.2　安全保密

地面信息港包括基于专网的接收、处理及应用服务，以及面向互联网的对外共享服务分发的外网信息共享服务，容易受到源自所有网络，从链路层、数据层、网络层、控制层到应用层，从设备攻击、信号攻击、协议攻击、路由攻击、信息攻击到服务攻击的多层次全方位安全威胁。尤其是天地一体化信息网络自身的开放性、广域覆盖等特点，使得传统地基节点网络的攻击面不断被放大，加剧地基节点网络所面临的安全风险。按照国家信息系统安全等级保护三级要求，分别完善地面信息港业务网应用系统的安全系统和外网公共服务平台的安全系统，满足工程建设的物理和网络需求。

地面信息港安全保密体系（如图 6-14 所示）按照"主动防御+全面监管"的理念，结合天地一体化信息网络的应用服务要求，从安全层级、安全性能和安全管理 3 方面进行考虑，提供分级保护和等级保护能力，确保天地一体化信息网络中的基础设施、信息资源以及服务能力安全可控。

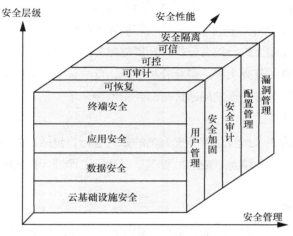

图 6-14　地面信息港安全保密体系

1. 基础性全面监管

在安全层级方面，基于纵深防御的原则，可提供覆盖云基础设施安全、数据安全、应用安全和终端安全的多层次安全保密能力；在安全性能方面，每个安全级别包括安全隔离、可信、可控、可审计、可恢复的安全保密要求；在安全管理方面，可提供用户管理、安全加固、安全审计、配置管理、漏洞管理等管理方法。

2. 增强性主动防御

网络空间拟态防御以成熟的异构冗余可靠性技术架构为基础，通过导入基于拟态伪装策略的多维动态重构机制，建立动态异构冗余的系统构造，实现网络信息系统从相似性、静态性向异构性、动态性的转变，形成了有效抵御漏洞后门等未知威胁的内生安全效应。主动改变网络信息系统的功能结构和运行环境，将目标对象内基于漏洞后门等未知威胁转化为广义的不确定扰动影响，并通过归一化的理论和方法解决传统或非传统安全问题，使网络信息系统具备广义鲁棒控制的内生安全能力。网络空间拟态防御的核心组件包括异构执行体、输入/输出代理、裁决器、负反馈控制。

|6.7　标准体系建设|

6.7.1　基本概念

1．标准的概念

国际标准化组织（ISO）和国际电工委员会（IEC）在 1991 年联合发布的第 2 号指南《ISO/IEC Guide 2》中，将标准定义为：标准是由一个工人的机构制定和批准的文件，它对活动或活动的结果规定了规则、指南或特性，供共同和反复使用，以实现在预定结果领域内的最佳秩序和效益。

2．标准体系的概念

标准体系是一定范围内各种标准按照它们之间的内在联系相互组合而成的有机整体，是标准的存在方式，组成标准体系的基础是标准。

标准体系的构建属于活动范畴，所构建的标准体系属于文件范畴，是实现标准化的有效工具。标准体系不是各种标准的简单集合，其中的各标准在一定程度上相互影响、相互补充。标准体系的具体表现形式是结构图和体系表。

标准体系表是一定范围内标准体系中的各个标准按它们内在联系排列的图表，以表达标准体系的概况、构想、总体结构、整体规划和各标准之间的内在联系。标准体系结构图是标准系统结构化思想的重要表现，是按照系统要求的空间结构和时序结构构造的逻辑结构图。

6.7.2　地面信息港标准体系作用

为在一定范围内获得良好秩序和促进社会效益，标准化是不可缺少的基础保障。地面信息港标准体系指在地面信息港产品、相关项目、技术、管理等社会实践中，对重复性事物和概念通过制定、发布和实施标准，实现对地面信息港产品的管理。通过建立地面信息港标准体系可为全国各地地面信息港建设和运管提供统一的

"度量衡"，为实现"港间组网、互联互通、资源交换、业务协同"的地面信息港体系提供支撑保障。

1. 通过标准体系建设过程和成果，逐步形成面向数据资源整合、应用服务提供和用户服务接入于一体的综合服务平台

通过标准体系的规划和建设，融合数据提供方、应用服务提供方、用户等多个相关方，通过标准的统一、协调、简化、优化，形成建设地面信息港的合力，开展时空数据运营服务，为保障国家减灾防灾、公共安全、生态环境、智慧城市等发挥支撑服务作用。

2. 通过标准体系建设，实现统一化、最优化的解决方案，实现快速的规模化标准化部署

通过标准规范建设，将最优化实践案例、机制、模式、技术方案固化，写入标准体系中，有助于将创新成果快速推广，降低研发和试验成本，快速形成规模效应。同时，地面信息港的标准化，也有助于各方快速了解地面信息港的架构、技术、平台、运行机制等，加速基于现有标准的新产品、新服务的开发和商业化，从而促进实现地面信息港的创新发展。

3. 通过标准体系执行，实现公开科学的项目建设和运维管理

地面信息港的建设，涉及设备采购、软件开发、咨询服务等项目。通过标准体系建设，将项目建设过程中的基础设施、信息资源、应用服务、安全保障服务、检验检测、知识产权服务、运维服务等各项目设备、设施、服务活动标准化，有助于降低项目建设和运维中的不确定性。

6.7.3　地面信息港标准体系框架

地面信息港标准体系框架（如图 6-15 所示）采用自上而下的层次结构，结合地面信息港基础设施平台建设、数据存管、服务集成、应用系统、管理等对标准化的需求，满足地面信息港建设的整体性和规范性原则，保证地面信息港建设在系统架构和技术体制上保持一致，支持数据共享和服务共享，支持异地港之间互联互通互操作，对地面信息港所涉及的标准化对象进行抽象、归纳、划分与构建。地面信息港标准体系框架由两层构成，各层所描述标准化对象按照明确视角划分，内容由标准化需求、分类方法与范围确定。

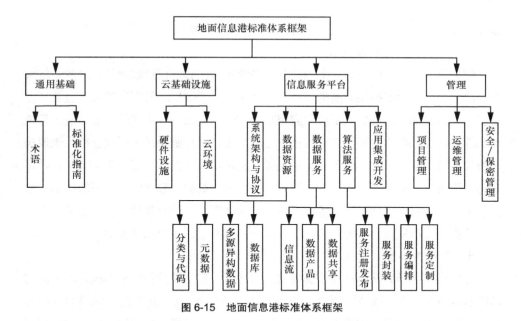

图 6-15　地面信息港标准体系框架

地面信息港标准体系框架第一层面向地面信息港建设业务活动，包含地面信息港建设所涉及的技术、数据、平台、服务、应用和管理等各方面。该层以信息视角为主，并局部参考工程视角对地面信息港标准体系框架进行描述、划分和构建，包含通用基础、云基础设施、信息服务平台、管理共四大类标准。第一层划分所形成的标准大类完整描述并覆盖了地面信息港建设整个活动过程，并具有较强的稳定性。每个大类标准依据需要规范的内容特征、内部逻辑关系、粗细粒度特征决定第二层级类目及第三层级类目划分的必要性，层级分类结构一方面提高地面信息港标准体系的科学性、整体性，另一方面提高标准体系的扩展性，以便根据信息技术的发展和业务需求变化灵活扩充。

1. 通用基础类标准

通用基础类标准为地面信息港提供基础型、公共性描述，确保信息的互联互通和一致理解，促进信息融合、共享和使用。该大类标准可以作为其他标准的基础和依据，具有普遍指导意义。通用基础标准包括术语和标准化指南 2 个二级类目。

2. 云基础设施类标准

云基础设施类标准是地面信息港建设中相关设施需遵守技术准则、要求等方面的标准。该大类标准为地面信息港的建设提供支撑。环境设施标准包括硬件设施、云环境 2 个二级类目。

3. 信息服务平台类标准

信息服务平台类标准是整个地面信息港的核心部分，包括地面信息港的系统架构与协议，各类数据提供方所提供的数据资源，基于数据资源提供的数据服务、应用服务，以及基于基础数据平台和应用平台构建"微服务"模式的开放式应用等技术标准。该类标准为地面信息港的服务提供支撑。信息服务平台标准包括系统架构与协议、数据资源、数据服务、算法服务和应用集成开发 5 个二级类。其中，数据资源二级类目包括分类与代码、元数据、多源异构数据、数据库 4 个三级类目；数据服务二级类目包括信息流、数据产品、数据共享 3 个三级类目；算法服务二级类目包括服务注册发布、服务封装、服务编排和服务定制 4 个三级类目。

4. 管理类标准

管理类标准是为保障地面信息港的协调运行、安全监管和顺利实施，以地面信息港管理领域共性因素为对象所制定的通用标准。管理类标准提供地面信息港项目、运维、安全等方面的管理手段和措施，是地面信息港安全运行维护、管理和服务的重要保障。管理标准包括项目管理、运维管理、安全/保密管理 3 个二级类目。

| 参考文献 |

[1] 中国产业调研网. 2020—2026 年中国港口码头市场全面调研与发展趋势分析报告[EB]. 2020.

[2] 郑作亚, 仇林遥, 潘一凡, 等. 基于天基信息网络的地面信息港系统架构及服务模式研究[J]. 中国电子科学研究院学报, 2019, 14(7): 677-683.

[3] 周红伟, 李琦. 基于云计算的空间信息服务系统研究[J]. 计算机应用研究, 2011(7): 2586-2588.

[4] 宋月君, 吴胜军, 冯奇. 中巴地球资源卫星的应用现状分析[J]. 世界科技研究与发展, 2006(6): 61-65.

[5] 吴曼青, 吴巍, 周彬, 等. 天地一体化信息网络总体架构设想[J]. 卫星与网络, 2016(3): 30-36.

[6] 胡金晖, 秦智超, 石磊, 等. 空间信息云服务平台架构及应用研究[J]. 中国电子科学研究院学报, 2016(1): 51-58.

[7] 曾志. 云格环境下海量高分遥感影像资源与服务高效调配研究[D]. 杭州: 浙江大学, 2012.

[8] 管清波, 冯书兴, 马彦华. 天基信息服务模式研究[J]. 装备学院学报, 2012(6): 66-70.

[9]　柳罡, 陆洲, 胡金晖, 等. 基于云架构的天基信息应用服务系统设计[J]. 中国电子科学研究院学报, 2018(5): 526-530.

[10]　李霖. 测绘地理信息标准化教程[M]. 北京: 测绘出版社, 2016:1-100.

[11]　苗建军. 信息技术与标准化[M]. 北京: 中国标准出版社, 2018:1-180.

[12]　周彬, 郑作亚, 仇林遥, 等. 地面信息港内涵外延研究[J]. 天地一体化信息网络, 2020, 1(1): 95-99.

[13]　地面信息港标准体系框架[Z]. 2021.

第 7 章

应用服务模式

本章从服务模式的基本概念出发，总结归纳天地一体化信息网络应用服务的必要性、特点，并分析可用于天地一体化信息网络的应用服务模式，主要包括信息应用服务和网络应用服务两种类型。信息应用服务模式包括推送服务模式、在线共享服务模式和协同服务模式。网络应用服务模式包括面向骨干网应用模式、面向接入网应用模式、面向地基节点网应用模式，同时，介绍了网络应用服务模式的通用网络业务流程。

随着天地一体化信息网络的建设与发展，以大规模、多源性、异构性为主要特征的时空数据将发挥更加重要的作用，如何提取这些数据中的有效信息并分发给有需求的用户是应用服务模式所研究的问题。因此，研究选择合适的天地一体化信息网络应用服务模式是实现网络信息与数据应用服务"最后一公里"的核心环节，是发挥好数据、信息价值和提升网络服务能力的关键所在。

7.1 服务模式基本概念

所谓模式，即针对工程实践中的特定领域反复出现的特定问题而得出的最佳解决方案的总结和提炼，并对以后实践中出现的相同问题提供解决方案和指导方法。一个模式是针对某个特定场景下出现的特定问题的最可行解决方案的范例的抽象。

在服务体系中，服务模式主要指服务以什么样的方式送达用户，目前常用的服务模式主要有信息服务分发和信息服务保障两种。信息服务分发指将服务信息送达服务使用对象的过程，信息服务保障指针对国家安全、国家利益、国防等方面的需要，在侦察情报、信息服务方面组织实施的保障。随着服务体系研究的不断深入和体系化理念逐渐被接纳和应用，服务的内涵定义也更加广泛，我们认为，为了满足用户需求所进行的一切活动都可封装为服务。因此，分发、保障是服务的一种，如信息服务可认为包含了为用户提供分发的服务，分发模式本身就是服务模式的组成部分。

信息服务模式则指面向服务对象、服务事件，对信息服务活动的要素组成及要素之间相互关系的描述，本质上，就是在信息服务活动过程中为满足用户对信息需求，调整优化各构成要素之间的相互关系组合而形成的一种信息服务最可行的解决方案。信息服务模式中包括服务使用者、服务提供者、服务内容、服务策略和服务约束与要求等要素，并需要研究这些要素在信息服务过程中的作用及其相互关系。

7.2　天地一体化信息网络的服务模式

目前，世界各国纷纷建设各自的通信、导航、遥感卫星系统，但基本上各卫星星座自成体系并且相互独立，遥感卫星需要过境或通过中继卫星向地面站下传数据，无星间链路和组网，数据下传瓶颈严重制约信息获取效率；大部分导航卫星不具备通信能力，北斗卫星导航系统具有短报文通信能力，但不具备宽带数据传输能力；通信卫星尚无自主的业务化卫星移动通信系统，对遥感、导航等天基信息的传输保障能力有限；而且，目前天基通信、遥感的服务主要面向专业用户，尚未形成服务大众的能力。以上现状导致系统孤立、信息分离、服务滞后。因此，需要发展"系统联通、时空融通、服务畅通"的天地一体化融合服务体系。

天地一体化信息网络是新一代国家战略性信息基础设施，由天基骨干网、天基接入网、地基节点网组成，并可与地面互联网和移动通信网互联互通。2020 年 4 月，中共中央、国务院印发《关于构建更加完善的要素市场化配置体制机制的意见》，从国家层面将数据正式纳入生产要素范围，强调要加快培育数据要素市场。随着天地一体化信息网络建设的推进与发展，以天地一体化信息网络作为信息高速公路，发挥卫星组网星座的中继传输、宽带分发以及窄带物联的能力，提升以大规模、多源性、异构性为主要特征的各类数据的汇聚传输能力，更大限度发挥各类时空数据的应用服务价值，意义重大。那么，如何提取这些数据的有效信息并分发给有需求的用户，是天地一体化信息网络应用服务模式所需要研究的问题。

面向用户任务驱动的智能化、网络化、一体化的应用服务模式是最大限度发挥天地互联、全球覆盖的天地一体化信息网络效能，最大限度发挥数据、网络、信息应用服务价值，将数据、信息、产品与用户需求有效衔接的关键所在，是应用服务的倍增器和加速剂。天地一体化信息网络将把空中、地面、海上、水下等不同空间域分散的传感器按照网络信息体系的思维，以"节点（传感器）+连接（网络）"的方式组成天地互联、全球覆盖的一体化无缝的有机整体，利用先进的随遇接入组网、人工智能等新技术极大地丰富战略信息的获取能力。如何有效地实现环境监视、任务管理等决策能力的大幅度提升，同时提高系统的可靠性和生存能力，在强对抗、复杂环境下快速获取合适的决策信息并快速响应是天地一体化信息网络应用服务的重要前提。天地一体化信息网络应用服务的本质是将各类传感器的信息经过处理满足用户需要并送达用户的过程，是天地一体化信息网络应用服务系统为了用户的知情权、决策权而开展的工作。不同用户、不同时间、不同环境、不同目标下对服务的需求是不同的，空间信息服务体系中分布着大量、不同功能的服务，这些服务本身很难产生较好的应用价值，要从服务中受益，必须将服务融入能产生应用价值的作业流程中，而且流程中的其他要素参与必须与服务进行交互，才能获得更好的效益。为此，必须面向应用、面向用户任务驱动，根据用户对信息需求和系统所提供的各类服务的特点，设计信息的应用服务模式，解决如何将各类服务以最佳方式提供给用户的问题。

在天地一体化信息网络应用服务中，随着天地互联的信息网络建设的不断推进和用户需求的不断提高，数据信息资源和用户之间不再是简单的单向输出数据信息以支持用户的应用需求，而是双方互相联系、互相影响、互相联动、相互优化的过程，是一种循环迭代、自主演进、双向互相耦合的信息交流。在这样的过程中，传统的信息分发模式已难以适应未来网络信息体系网络化、精准化、智能化、个性化等新的特征要求，必须基于天地一体化的应用服务系统，在面向应用服务系统提供的同步请求-应答、异步请求-应答、订阅、主动通知4种基本的服务交互模式基础上，研究、设计提出天地一体化信息网络的应用信息服务模式，以满足用户对数据信息资源、信息技术、协同环境等的综合需求，使天地一体化应用服务系统能够更好地服务于用户，更大限度地发挥服务效能。

天地一体化信息网络应用服务模式基于面向服务、面向用户任务驱动的思想，针对天地一体化信息网络及其时空信息系统的网络信息体系特点，从服务的角度，对天地一体化时空信息的各类应用及过程进行归纳和总结，采用模式化的方法抽象出天地一体化信息网络应用服务的规律，形成一套相对稳定的天地一体化信息服务提供方法、途径和标准。通过建立具有共性并兼顾个性化需求的天地一体化时空信息应用服务模式，理顺天地一体化时空信息应用服务过程中所涉及的多种资源、多种角色的关系，使它们彼此相互作用、相互协调，从而实现天地一体化信息网络应用服务的综合集成、共享、同步与协同。

天地一体化信息网络应用服务模式主要包括两个重要部分，一个是信息应用服务模式，另一个是网络应用服务模式。信息应用服务模式主要考虑如何使网络数据产生的情报信息服务满足不同用户的应用需求，网络应用服务模式主要考虑如何利用天地一体化信息网络创新的网络拓扑结构提供特殊场景下的网络通信应用需求。

| 7.3　信息应用服务模式 |

随着应用服务的不断深入和服务范围的不断扩大，时空信息应用服务的对象广泛分布于海、陆、空、天以及地下、水下等多维、立体化环境，服务的对象也更加多样化，不仅要服务政府、大众、企业，更要服务于越来越丰富的感知网络、服务于用户端，服务也覆盖"网、边、云、端"，可谓"横向到边、纵向到底"，无处不在。为了更好地服务于各种控制机构、端系统等，应建立天地互联的信息获取和处理服务的广泛共享、有机集成和高效协同机制，克服传统信息应用模式单一、缺少灵活性、效率低等缺点，以适应网络环境新型服务需求。

多源时空信息服务模式的研究要考虑信息的共享、同步与协同问题，从优化任务应用流程、整合协调信息资源的角度探索满足不同层次、不同应用对象任务需求的复杂服务模式，构建满足动态服务请求的多模式并存的天地互联网络化时空信息应用服务模式，通过组合和协同各类服务资源，满足复杂任务的一体化信息支持需求，解决天地一体化信息的应用在时间、空间与目的上与任务行动的同步问题。

在天地一体化信息网络应用服务体系中，信息服务模式不仅要考虑信息以何种形式送达用户，还要考虑信息处理的软件和高性能计算资源的服务问题，进一步更要考虑天地互联网络环境下时空信息服务的响应时效性（快响）、覆盖性（广度）、灵活敏捷性（灵敏）、安全可靠性（可信）等。因此，天地一体化信息网络应用服务模式不仅包含了天地一体化时空数据、信息的分发，还将扩展为整合所有天地一体化时空信息资源从数据的获取、传输、处理、分发全过程的信息服务资源、软硬件服务资源等应用。

针对天基信息服务模式，前期研究有"信息推送"和"灵活索取"模式、基于"信息超市"的信息共享与智能分发模式、任务驱动的遥感信息聚焦服务模式、地理空间信息应用保障模式等。总结而言，目前可用于天地一体化信息网络的天基信息应用服务模式可分为 3 类: 推送服务模式、在线共享服务模式和协同服务模式, 如图 7-1 所示。

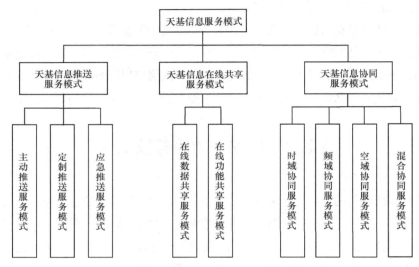

图 7-1 信息应用服务模式分类

7.3.1 推送服务模式

推送服务模式指系统主动获取、处理空天地海多源信息, 并把形成的时空信息服务产品传递给合适的用户, 目的是减少需求传递环节, 缩短信息流程, 提高多源时空信息的时效性。推送服务可分为主动推送服务模式、定制推送服务模式和应急推送服务模式。在实际应用服务过程中, 根据实际应用情况及其变化、不同的演进阶段等, 不仅使用单一的推送服务模式, 往往是多种推送应用服务模式混合、交叉、迭代使用。基于多种推送模式的天基信息网络可灵活选取适当的传输方式及时地将环境态势、紧急事件信息等推送给各级用户, 各基层用户、一线用户或者端用户可在第一时间接收最新信息, 这样就可大大提升对应急事件、决策事件的应对能力和响应速度。

1. 主动推送服务模式

主动推送服务模式指根据交互规则和应用服务双方约定, 对用户的任务、行动和行为习惯进行研究、分析, 预测和推断用户的服务需求, 向用户主动推送其可能需要的、有针对性的时空信息。此模式的关键在于建立用户信息库, 跟踪用户需求管理和预测模型, 对用户需求进行预测; 根据需求预测结果, 对信息资源进行筛选和综合集成，进而向用户推送其可能需要的、有针对性的信息，而且在推送过程中，根据用户对应用需求和服务产品的反馈，不断更新用户信息库、优化预测模型，通过推送方与用户的不断交互与迭代，提高主动推送的针对性和精准性。

主动推送服务模式的基本过程如下。

（1）系统的管理与监控服务自动记录用户的行为信息，包括情报需求信息和浏览查询信息，并将其写入用户信息库。

（2）调用用户需求预测模型，进行用户需求预测，获得用户在未来时刻的可能情报需求，并对需求进行分解。

（3）对用户权限进行判断，按分解后的需求预测结果自动检索权限内的地面信息港（关于地面信息港的内容，在第 6 章已有专门阐述）信息数据库，获得相关信息，并进行集成处理。

（4）将处理后的综合情报信息产品推送给用户。

主动推送服务流程如图 7-2 所示。

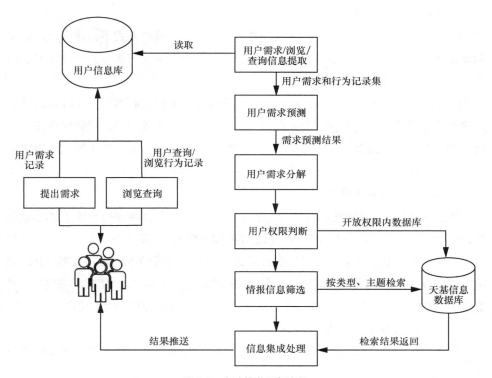

图 7-2　主动推送服务流程

2. 定制推送服务模式

定制推送服务模式指用户根据自己的需要，考虑多源时空信息系统的能力，选择所需要的信息和功能进行订阅，系统按照用户订阅的主题进行信息的选取、组织和综合集成，生成情报信息产品，推送给用户。系统的推送服务有两种方式：一种是定期推送，另一种是及时推送。用户在进行信息订阅时可自主选择。定制推送服务模式是由用户指定的信息服务任务驱动的，要求用户对地面信息港信息系统的能力和状态比较了解，可以定制合理的需求。其中，定期推送主要针对用户相对稳定的服务需求，如环境、气象、卫星预报等公共信息服务；而及时推送则主要针对突发事件的预警信息服务，快速聚焦突发事件用户需求信息并快速及时推送。同样，定制推送也可以根据系统信息服务能力的提升，为用户提供优化服务的能力与方案同定制信息一起推送给用户，用户根据自己的情况提出新的定制信息推送需求。

定制推送服务模式的基本过程如下。

（1）用户提出对多源时空信息的订阅需求，选择推送方式。

（2）对用户需求进行分解，并进行用户权限判断。

（3）根据用户权限，开放权限内的数据库。在定期推送方式下，获得用户要求时间周期内更新的情报信息，并进行集成处理；在及时推送方式下，一旦订阅的信息更新，则读取并进行集成处理。

（4）将结果定时或及时地推送给用户。推送的内容形式有两种：一种是以消息的形式推送给用户，用户根据更新提示消息，访问相应的数据库，获得信息服务；另一种是直接将信息服务内容按用户要求的格式（如图像、文档等）推送给用户。

定制推送服务流程如图7-3所示。

3. 应急推送服务模式

在突发事件或者偶然发生的情况下，主动推送服务模式可能会由于偶然性和不确定性，难以做到对用户未来需求的准确预测，定制服务模式又没有考虑环境态势变化导致的用户需求动态变化问题。因此，在这种情况下，应急推送服务模式则主要对所获取的突发事件信息进行快速处理和分发，将信息主动推送给相关用户。此模式的关键在于对突发事件的情况判断和选择最短路径将突发事件信息快速推送给合适的用户。

应急推送服务模式的基本过程如下。

（1）时空信息系统按计划执行侦察监视和信息处理任务，获取和处理多源异构时空信息。

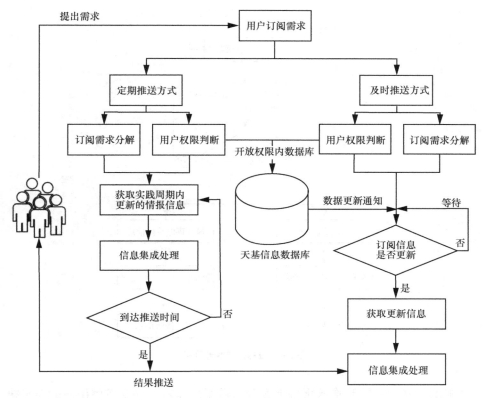

图 7-3 定制推送服务流程

（2）若在信息分析和处理阶段，判断其为突发事件信息，则提取事件发生的位置、性质等特性信息，判断和选择信息接收方。

（3）在此基础上，提高通信请求优先级，进行通信链路规划。

（4）以最短路径将信息推送给用户。

应急推送服务流程如图 7-4 所示。

4．推送服务模式的特点和适用范围

主动推送、定制推送和应急推送，这 3 种服务模式并不是完全割裂、相互独立且排他的，可根据具体情况单独使用，也可以视情况结合使用甚至交叉使用。3 种模式下，信息的推送都是由系统自动进行的，时效性较强；但主动推送服务模式下，需要对用户需求进行预测，预测的准确性决定推送信息的准确性，目前可以根据推送信息的不断积累，采用人工智能、深度自主学习等技术手段逐步提

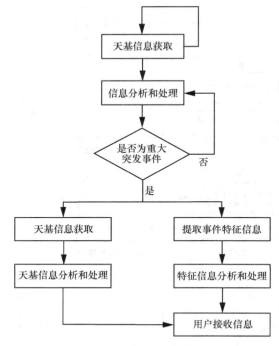

图 7-4　应急推送服务流程

高预测的准确性；定制推送服务则完全来自用户需求，完全按照用户的需求执行，需求非常明确，因而比主动推送服务有更强的针对性；应急推送服务则更强调信息的时效性，要求系统前期在对用户大量的历史需求积累分析的基础上，对用户的事件任务和职能等有清楚的了解，同时对通信服务有着较高的要求，以便把应急信息及时地推送给合适的用户。3 种推送服务模式对比见表 7-1。

表 7-1　3 种推送服务模式对比

推送服务模式	特点	执行方式	适用范围
主动推送服务模式	需要预测模型支持，针对性有限，时效性较强	系统自动执行	预警信息、重要目标侦察信息
定制推送服务模式	不需要模型支持，针对性强，时效性强	用户驱动，系统自动执行	气象、环境、战区预警、卫星过顶预报信息等
应急推送服务模式	需要对信息内容进行分析和判断，时效性要求高	事件驱动，系统自动执行	突发事件信息

7.3.2　在线共享服务模式

在线共享服务模式指用户主动通过门户网站节点，浏览、查询和下载权限内的地面信息港内信息，调用地面信息港信息数据资源、算法资源以及处理模块等功能服务，目的是通过分级开放数据/信息服务和功能服务，使用户可以根据需要和权限与系统交互，获得所需服务，提高信息服务的针对性。

1.　在线数据共享服务模式

在线数据共享服务模式由用户通过登录门户网站，获得相应的地面信息港信息访问权限，进行地面信息港信息的查询和下载，这种模式是用户参与的一种被动服务模式，由于天基时空信息的海量性和复杂性，信息的查找可能难以一次达到目的，需要不断地迭代逼近目标。这个过程类似于常见的用户通过网络查找所需信息的过程，是一个探索式的、循环的、螺旋式的，不断明确和接近目标的过程。

Kuhlthau 等将网络查找所有信息的过程分为以下 6 个阶段（Kuhlthau，1999）。

（1）任务开始（Task Initiation）阶段

该阶段用户在经验基础上理解任务，并进行主题归属分析，主要完成任务初始化工作，情感上因不确定性而呈现担忧心态。

（2）主题选择（Topic Selection）阶段

具体选择和确定主题，该阶段迷茫但有些许兴奋。

（3）焦点形成前探索（Prefocus Exploration）阶段

在大致了解主题、初步掌握要点之后，用户可能会产生新的疑问甚至对未知的恐惧，此时还不能精确地表达信息需求。

（4）焦点形成（Focus Formulation）阶段

由于产生更深刻的联想，用户情绪变乐观起来，对完成任务充满信心。

（5）信息收集（Information Collection）阶段

通过对信息进一步查找、确定及扩展，用户开始组织相关信息的活动，此时信息及能力增强，兴趣增加。

（6）信息呈现（Information Presentation）阶段

信息查询进入收尾阶段，用户进行独立的综合思考，情感开始放松，并充满了满足感。

针对网络信息查找行为，Chun 专门构造了一个模型，定义了网络信息查找的 4 个主要模式：间接浏览、条件浏览、非正式检索、正式检索，并说明了在每一种模式会发生何种信息查找活动。网络信息查找的主要模式见表 7-2。

表 7-2　网络信息查找的主要模式

查找模式	信息需求	信息查找	信息使用
间接浏览	兴趣的范围，明确需求	"广泛的" 对能够获得的各种信息源进行广泛的浏览	"浏览性的" 偶然发现
条件浏览	认识到兴趣的主题	"识别的" 根据预先确定的兴趣主题 在预先选定的信息源里进行浏览	"学习性的" 增加关于兴趣主题的认识
非正式检索	创建简单的查询	"满意的" 利用合适的检索工具 根据主题或范围进行检索	"选择性的" 在小范围内有选择地增加知识
正式检索	详细的明确目标	"最优化" 遵循一定的方法或过程 系统收集某实体的信息	"检索性的" 正式使用信息

参考 Kuhlthau 的 6 个阶段的信息查找过程，结合 Chun 的网络信息查找模型，在线数据共享服务模式下，用户对地面信息港信息的获取采用检索模式，检索可以基于主题、内容和类型等，也可进行组合检索。检索的结果可通过在线功能共享模式调用信息处理功能，由用户根据自身需要生成更高一级的情报产品。在线数据共享服务流程如图 7-5 所示。

在线数据共享服务模式的基本过程如下。

（1）用户登录地面信息港门户网站，通过身份和权限验证。

（2）用户选择相应的地面信息港数据库；选择信息检索方式、选择检索工具；开始检索。

（3）检索结果返回并显示在用户终端，若满足需求，则根据权限下载相应信息。

（4）若结果不满足需求，则分析判断原因，若需要进一步处理，则调用信息处理服务，获得处理结果；若需要进一步检索，则调整检索方式等，重新检索。

（5）经过逐步的调整和处理，逐步逼近并满足用户的需求。

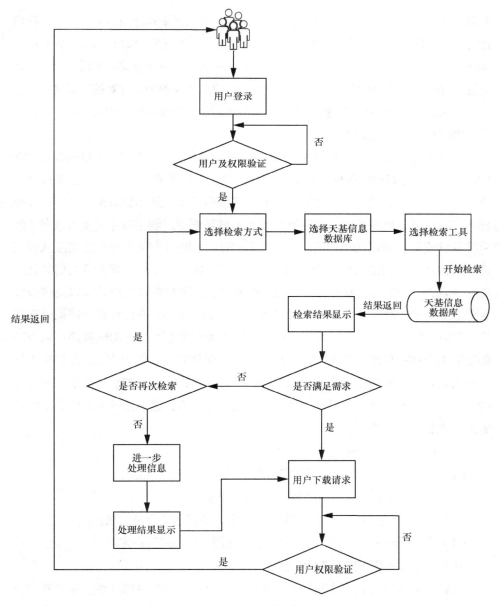

图 7-5　在线数据共享服务流程

2. 在线功能共享服务模式

在线功能共享模式是相对比较简单的直接服务模式，用户通过门户节点的软件服务接口，直接调用权限内的功能软件，软件功能的更新和升级由系统自动在后台进行，用户只需按规定的接口调用即可，这就是软件即服务（Software as a Service，SaaS）模式，是目前最为常见且使用最多的一种云计算服务模式，本质上就是云计算服务提供商根据用户某种特定需求提供其消费的计算能力，针对的是最终用户，使用户可以方便地共享软件服务功能，而不必再负担基础结构、应用程序管理、监控、维护和灾备、恢复等成本。

在时空信息应用服务体系中，从软件功能服务角度讲，在地面互联网快速发展的环境下，基于客户端软件的服务模式已不再适应网络环境的要求，已经从产品模式直接向服务模式转化，尤其转向网络化服务模式，从单独数据中心、软件处理转向云环境和网络服务。这种服务模式不再需要用户购买或申请配发软件，然后将软件安装在自己的用户终端上，而是根据某种网络协议直接通过网络从专门的提供商获取所需要的软件服务。地面信息港信息系统中分布着大量的信息处理等功能软件，如信号情报处理、图像情报处理、测量与特征情报处理以及情报综合集成等，这些功能软件通常配置在各类信息处理中心，进行专业的情报处理工作。在地面信息港的服务体系下，通过用户申请和系统授权，功能软件可以以功能服务的形式提供给用户使用，用户只需了解软件功能应用的方法、数据输入输出格式以及对处理环境的要求等，而不必安装相应的软件系统就可以共享软件功能，也不需要考虑由哪个系统提供、如何提供等细节，更不必对所提供的功能服务进行维护和升级等。

在线功能共享服务模式的基本过程如下：

（1）用户登录门户网站，通过身份和权限验证；

（2）用户申请功能服务，获得权限内的功能服务；

（3）按照规定的接口调用相应的功能服务，获得功能服务结果；

（4）用户权限内的功能服务可进行重复调用，以满足用户需求。

在线功能服务流程如图7-6所示。

随着应急事件处置的快响要求不断提高以及对情报信息综合性、决策性的要求，为了缩短情报周期收集时间和传递周期，及时将信息传递给用户，可能会要求一些未经分析和处理的天地一体侦察信息同时传递分发给指挥调度人员、情报分析人员和用户端平台，这样相对原始的信息需要专业的信息处理软件协助进行图像判读等工作，通过在线功能共享模式，指挥调度人员、情报分析人员和用户端平台可根据需要同时对所获信息进行处理，即将合适的信息经过专门的信息处理传递给合适的用户，这样将大大缩短情报流程，提高快速响应能力。

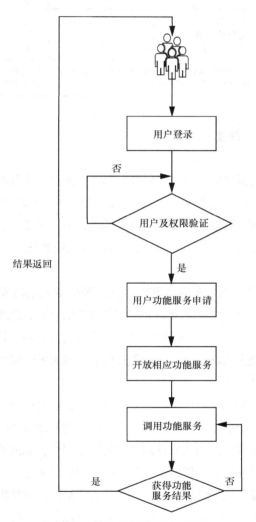

图 7-6　在线功能共享服务流程

3．在线共享服务模式的特点和适用范围

在线共享服务模式是由用户参与的自助性服务模式，面向信息应用服务体系下的 B/S 模式和云计算服务模式，这两种模式分别对应不同的服务目标，其服务特点、执行方式和适用范围也有所区别，具体见表 7-3。

表 7-3　在线共享服务模式

在线共享服务模式	特点	执行方式	适用范围
在线数据共享服务模式	需要用户不断探索，逐步接近，针对性由用户的经验和对天基信息系统的了解决定，时效性不强	用户在线浏览、查询、下载	历史信息，供情报综合集成分析使用，常与在线功能共享服务结合使用
在线功能共享服务模式	需要用户了解软件功能和输入输出接口，针对性较强，时效性强	用户在线访问、执行	信息处理等功能，常与在线数据共享服务结合

7.3.3　协同服务模式

协同是系统各要素之间的合作、协调、同步、互补、交互等行为从无序、混乱到逐步一致有序的过程，是系统趋于有序、稳定可靠的关键性因素。如果一个系统发挥了好的协同效应，有序化和组织化程度就高，各元素之间就会相互促进、相互增益，共同增强系统的整体功能，系统的整体功能性能就好，反之，系统的整体性、合力就差。

协同服务模式是根据业务应用需求，统一调配空天地海多源时空信息服务资源，使它们按一定的方式相互配合，共同完成信息的获取、处理和传输等任务，目的是要打破服务资源之间的各种壁垒和边界，使它们为共同的目标进行协调和协同运作，通过对各种空天地海多源时空信息服务资源最大的开发利用和增值以充分达成一致的任务目的。

一般来讲，协同关系从协同范围、协同区域、协同逻辑顺序和协同重要性等方面，主要可以分为 3 个层次，即战略协同、战役协同和战术协同。其中，战略协同定义为按照战略意图或统一的战略计划进行的协调配合，如战略方向、战略区域、战略集团之间的协同，通常由任务总体部组织；战役协同定义为各种任务力量共同遂行战役任务时，按照统一的行动计划进行的协调配合，通常以担负主要任务的主力军为主，其他相关任务力量配合，按照任务（目标）、时间、空间、任务分工、行动计划等组织，目的是确保各种战役力量协调一致行动，发挥整体作战效能，如在地震灾害发生的 72h 内，以救援受伤人员生命的部队为主力开展灾害救援行动，其他力量配合；而战术协同定义为各种任务力量共同遂行战斗任务时，按照统一计划在行动上进行的协调配合，通常按事态发展的时间节点担负阶段性主要任务的力量、部队、分队为主，按照任务（目标）、时间、空间、任务分工、行动计划等组织。目的是确保各种任务力量协调一致地行动，发挥整体效能。还是以地震灾害为例，灾害发生时，以打通通信、道路交通的救援部队为主力开展救援，2h 内完成救援地图制作。灾害发生 72h 内，以救援受伤人员生命的部队为主力开展灾害救援行动，其他力量配合。

由此可见，在战略、战役和战术协同层次上，协同的核心是要实现"行动上的协调配合"，是围绕任务目的（如反恐维稳、应急救灾）使各种任务行动力量协调一致地行动，需要跨越多种任务力量（系统）进行协调配合，共同完成任务。天地一体、网络化时空信息服务体系遵循"网络中心、信息主导、体系支撑"的网络信息体系原则，作为面向服务的体系，实现多种异构系统协同，需要多个地面信息港子系统间、不同地面信息港之间进行横向和纵向的联盟与合作，实现子系统互联和港间互联。如实时目标指示任务下，需要侦察卫星系统之间、通信卫星系统之间、侦察和通信卫星系统之间进行协同，共同完成目标信息的实时获取、处理和传输服务。根据未来信息化战争对天基/地基信息的需求和空天地海多源异构时空信息服务体系中服务资源的能力和特性，将天地一体、网络化时空信息协同服务模式分为时域协同服务模式、频/谱域协同服务模式、空域协同服务模式和混合协同服务模式 4 类。

1. 时域协同服务模式

时域协同服务模式即调度空天地海多源异构时空信息资源，使其能在给定的时间范围内对地面目标或区域进行不间断的观测，并按时间顺序进行航迹融合等，获得一定时间范围内目标的变化（如运动轨迹）。由于低、中轨道卫星的轨道特性，对地观测类卫星对地面目标的重访周期一般较长，要获得对目标的不间断侦察，就需要多颗卫星按一定的时间顺序对给定目标进行观测，每一颗卫星都要在前一个卫星侦察的基础上，接收目标指示信息，按时序进行目标接替。此模式的关键在于卫星的动态任务规划和调度，因为一般来讲，此模式常用于对运动目标的连续侦察监视，由于目标的动态性，其地理位置和环境随时间而变，因此及时处理卫星所获信息，进行目标识别和判读，利用获得的目标信息指引下一卫星协同侦察。不同阶段所获取的信息在进行下一步处理或传递给用户时，同步进行编目并写入相应的卫星信息数据库，以便与其他用户共享。时域协同服务流程如图 7-7 所示。

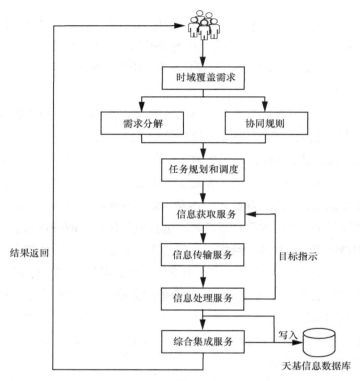

图 7-7　时域协同服务流程

2．频/谱域协同服务模式

频/谱域协同服务模式即调度多源天基时空信息资源，对给定的目标或区域进行频谱覆盖，获得目标或区域的全频/谱域信息。电磁频谱是电磁波按频率或波长分段排列所形成的结构谱系，电磁频谱的频率范围为零到无穷，各种不同形式的电磁波占用不同的频率范围，按频率增加的顺序依次为无线电波、红外线、可见光、紫外线、X 射线和 γ 射线。由于目标的频谱特性和卫星的载荷特性不同，卫星的信息获取能力有所区别。以成像侦察卫星为例，按获取图像信息的传感器不同，可分为光学型和雷达型，光学成像侦察卫星又根据载荷的不同分为可见光、红外、多光谱和超光谱成像侦察卫星等。其中，可见光成像的地面分辨率最高，但受天气影响较大，阴雨天、有云雾及夜间都不宜工作；红外成像可以在夜间工作，并具有一定的伪装揭示能力；多光谱成像可以获得更多的目标信息；超光谱成像的光谱分辨率为纳米级，可以有效识别伪装，也可以发现浅海的水下目标；雷达成像侦察卫星（如 SAR）

具有一定的穿透地表层、森林和冰层的能力，可以克服云雾雨雪和黑夜条件的限制，与光学成像侦察卫星相配合，实现全天时、全天候的侦察。电子侦察卫星主要用于侦收地方雷达、通信和导弹遥测信号，获取各种电磁参数和信号特征并对辐射源进行定位。电子侦察和成像侦察的配合，可以获得目标的光学和电子特征信息，有利于对目标的精准识别。此模式的关键在于根据目标环境、卫星轨道和载荷特性，对卫星系统的任务规划和调度，通过统一的指挥控制完成协同侦察任务。频/谱域协同服务流程如图 7-8 所示。

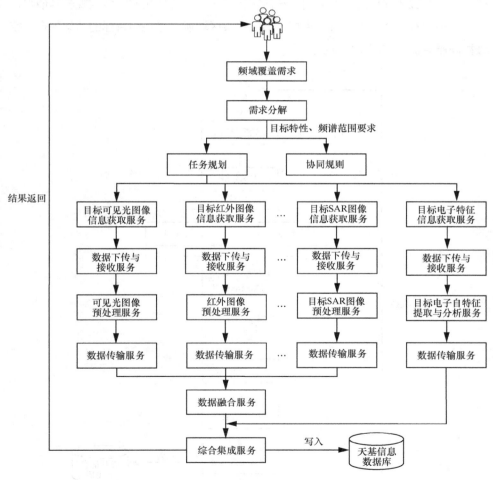

图 7-8　频/谱域协同服务流程

3. 空域协同服务模式

空域协同服务模式即协调、调度多源时空信息资源，尤其天基信息资源，使其能在一定时间期限内对热点地区、目标区域进行空间环境的区域覆盖，获得该地区或区域的目标观测信息、环境信息、预警信息等。由于卫星对地观测区一般为带状区域，单颗卫星难以形成对目标区域的全面覆盖，因此需要多颗卫星协同完成对目标区域的对地观测或侦察监视任务。此模式的关键在于根据任务环境、卫星轨道和载荷特性，对卫星系统的任务规划和调度，通过统一的指挥控制完成协同观测或侦察任务。空域协同模式一般为同类载荷对目标区域、侦察区域的多次观测与侦察，然后对多次观测侦察结果进行拼接，形成对某区域所有可观测目标的信息综合。空域协同服务流程如图7-9所示。

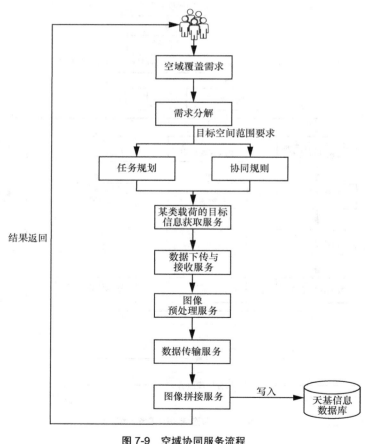

图 7-9　空域协同服务流程

4. 混合协同服务模式

在实际任务侦察或观测过程中，某种单一的协同服务模式往往难以满足实际目标区域的侦察监测或观测要求，这种情况下，就会出现对时域、频谱域、空域中的两种或 3 种协同服务模式综合需求的情况，混合协同服务模式考虑用户对空天地海多源时空信息的时域、频谱域、空域的综合需求，统一调度多源时空信息资源，使其能获得完整、精确的目标区域环境信息，并及时传递给用户。这种协同模式需要综合考虑信息获取、处理、传输等多种服务，复杂度较高，而且，不同的协同信息支援需求下，参与协同的资源、协同时间和协同方式有较大的区别，需要在一定的协同规则支持下，统一进行任务规划和分配。总的来讲，混合协同服务模式是时域协同、空域协同和频域协同模式的综合，在实际侦察监测或观测任务过程中，从服务方式上，服务资源之间的关系既有单一协同服务又有综合协同服务。从服务过程的交互情况看，既有并联关系，各服务之间按规划结果各自执行任务，最后在结果层面进行统一的集成；也有串联关系，各服务之间在执行的过程中按照统一的标准，通过标准的服务接口进行数据传递，或作为后续服务的驱动。混合协同服务流程如图 7-10 所示。

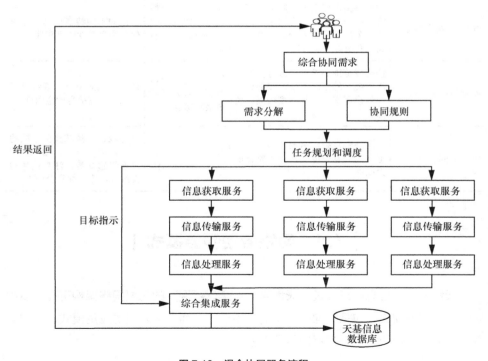

图 7-10　混合协同服务流程

5. 协同服务模式的特点和适用范围

协同服务模式是天地时空信息服务模式中高层级、最为复杂的一种，因为在协同模式下，需要整合传感器、数据、通信等多种资源，在同一目标任务下进行统筹规划，达到整体最优，实现整体效能。在这类服务模式下，协同规则是基础，任务规划是关键，协同执行是保障。

总结起来，上述4种协同服务模式各有优点，各有侧重，根据执行任务的性质、特点、目标区域和需求等的不同，使用的协同服务模式也不同，但相比较而言，混合协同服务模式是协同服务模式中的高级、综合模式。下面对信息资源协同服务模式的4种形式进行对比分析，见表7-4。

表7-4 协同服务模式

协同服务模式	特点	执行方式	适用范围
时域协同服务模式	按时间顺序调度服务资源，需要任务规划模型支持，复杂度较高，资源整合能力较强	统一规划，分散执行，最后综合	目标或区域的动态跟踪监视信息，注重信息的实时性和持续性
频域协同服务模式	按频谱覆盖要求调度服务资源，需要统一的时间和空间基准，需要任务规划模型支持，复杂度较高，资源整合能力较强	统一规划，分散执行，时间、空间对准后融合处理	目标的不同特征信息，注重信息的完整性和可靠性
空域协同服务模式	按区域范围要求调度服务资源，需要统一的空间基准，需要任务规划模型支持，复杂度较高，资源整合能力较强	统一规划，分散执行，最后进行拼接和综合	任务区域的所有可观测目标信息，注重信息的全面性
混合协同服务模式	协同规则复杂，需要任务规划模型支持，复杂度高，资源整合能力很强	统一规划，分散执行，分级综合	全时域、全频域和全空域的覆盖，如实时目标指示、综合态势感知等，注重信息的持续性、完整性和全面性

| 7.4 网络应用服务模式 |

天地一体化信息网络通过"天地互联、全球组网"的三层网络架构可提供多种网络应用服务模式，包括面向骨干网的应用模式、面向接入网的应用模式、面向地基节点网的应用模式以及通用网络业务模式。

7.4.1　面向骨干网的应用模式

面向骨干网的应用服务模式，主要包括通信、数据中继、管控等应用服务。天基骨干网主要实现天基中继、宽带接入和天基管控等业务。基于业务能力要求，下面以 3 颗卫星的布设方案为例，其中 01 星、03 星（载荷配置功能相同）配置 Ka 频段多波束相控阵载荷，为不少于 8 个低轨航天器、航空器及地表高速移动用户提供高速微波传输服务，配置激光终端满足对低轨航天器的激光业务，配置管控载荷为陆海空天各类用户提供管控业务；02 星配置 Ka 频段反射面载荷为地表用户提供通信服务、配置管控载荷为陆海空天各类用户提供管控业务。

1. 通信、中继数据传输服务应用模式

Ka 频段相控阵载荷接收形成 8 个通信波束，4 个中继波束，中继波束由馈电链路转发落地。其通信及中继应用模式如图 7-11 所示，可以分为透明转发通信模式、通信及中继单星应用模式和基于星间链路的通信及中继模式 3 种。

2. 管控服务应用模式

Ka 频段天基管控载荷接收形成不少于 4 个管控波束，发射形成不少于 1 个波束。接收波束功能接收来自用户的申请，经管控载荷解调后发往载荷管理单元，载荷管理单元调度 Ka 频段多波束相控阵载荷资源，建立数据传输链路，同时，将用户的申请受理情况通过发射波束通知用户。另外，载荷管理单元将处理结果遥测至地面。管控服务应用模式如图 7-12 所示。

7.4.2　面向接入网的应用模式

试验试用系统天基接入网部署 4 个天基接入节点，包括 2 个综合节点、2 个宽带节点。低轨接入网采用星座部署、空间组网的方式，面向各类用户提供全球无缝覆盖的移动通信服务，面向重点用户提供全球按需可达的宽带通信服务，并提供全球范围的航空/航海监视、导航增强以及广域物联网数据采集服务等。

1. 移动通信服务应用模式

移动通信服务功能主要由综合节点卫星提供支持，基于星上处理交换和星间链，面向地面通信终端用户主要提供通用语音、TtT 语音、标准 IP 数据、专用数据等业务。

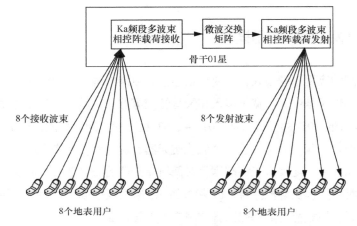

（a）透明转发通信模式

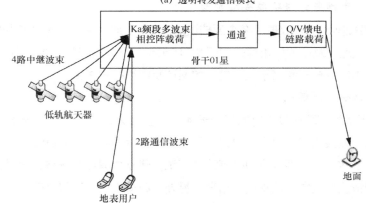

（b）通信及中继单星应用模式

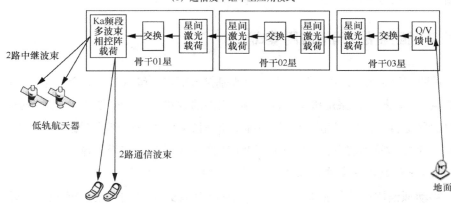

（c）基于星间链路的通信及中继模式

图 7-11 通信及中继应用模式

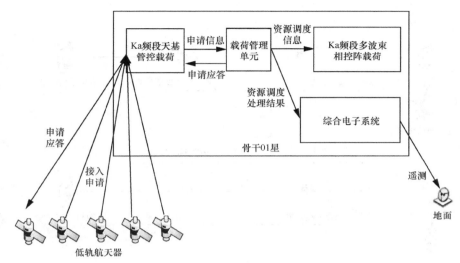

图 7-12　管控服务应用模式

根据业务互通关系，基于综合节点卫星可提供 4 种业务互通方式（如图 7-13 所示）。

（1）基于地基节点（信关站及核心网）交换的卫星通信终端之间的互通：通过地面上地基节点核心网的交换，实现卫星通信终端之间互通（通用语音、标准 IP 数据）。

（2）基于空间组网（星上路由交换及星间链路）的卫星通信终端直接互通：通过星上路由交换及星间链路等空间组网的形式传输，实现卫星通信终端之间直接互通（TtT 语音、专用数据）。

（3）基于地基节点（信关站及核心网）交换的卫星通信终端与地面网互联：通过地基节点核心网或信关站等交换，实现卫星通信终端与地面网终端互联互通（通用语音、标准 IP 数据、专用数据）。

（4）基于高低轨星间链的卫星通信终端与地面网互联：通过（基于高低轨星间链路）GEO 骨干节点中继，基于地基节点交换，实现（境外）卫星通信终端与地面网终端互联互通（通用语音、专用数据）。

2. 宽带通信服务应用模式

宽带通信服务主要面向政府通信、企业专网互联、基站回传、互联网接入等应用，为地面通信终端（包括信关站）用户提供点对点、星状、网状互联的宽带数据传输业务。根据卫星转发交换方式不同，可以划分为基于星上再生处理交换的宽带数据传输服务和基于星上透明转发的宽带数据传输服务。

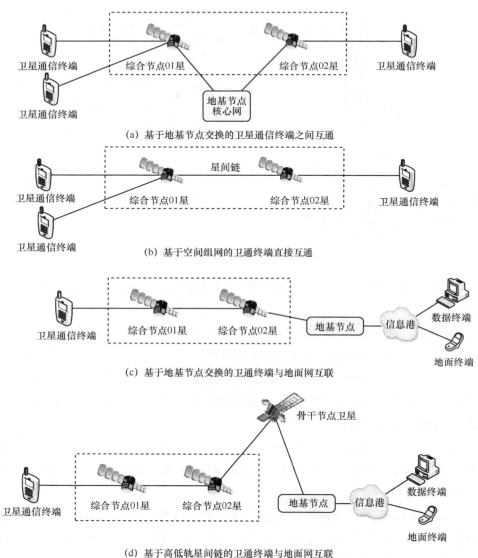

（a）基于地基节点交换的卫星通信终端之间互通

（b）基于空间组网的卫通终端直接互通

（c）基于地基节点交换的卫通终端与地面网互联

（d）基于高低轨星间链的卫通终端与地面网互联

图7-13　天基接入网移动通信服务应用模式

　　天基接入网宽带功能实现，主要依托同轨道2个宽带节点卫星，在地基节点（含信关站和核心网）及高低轨星间链路的支持下，面向地面用户开展单星及跨星的宽带通信服务应用。宽带通信应用服务模式如图7-14所示。

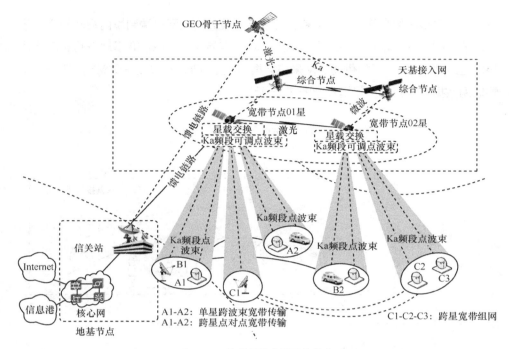

图 7-14 宽带通信应用服务模式

每个宽带节点卫星可同时提供不少于 6 个 Ka 频段可调点波束,每个 Ka 频段可调点波束工作在凝视模式或跳变模式。凝视模式下,Ka 频段点波束一直跟踪目标用户提供服务;跳变模式下,每个 Ka 频段可调点波束通过快速跳变,为跨区域多用户提供服务。

宽带节点卫星具备星上再生处理交换和透明转发能力,基于星上再生处理交换,支持 Ka 频段可调点波束在凝视模式或跳变模式工作,支持单星、多星的地面通信终端(用户)之间宽带通信。基于星上透明转发,支持 Ka 频段可调点波束凝视模式工作,支持单星的地面通信终端(用户)之间宽带通信。

3. 物联网采集服务

物联网采集服务,依托天基接入网物联网数据采集功能实现。具体而言,主要依托同轨道 2 个综合节点卫星,接入链路及星上处理等功能模块与 L 频段移动通信共用载荷,在地面地基节点(含信关站、核心网)、信息港物联网应用服务器的支撑下,面向用户(如海洋浮标、气象探测等),开展物联网数据采集应用服务。

在国土境内地基节点可见范围内,可以支持物联网终端到物联网应用服务器的实时数据传输;在境内地基节点不可见的情况下,一是基于综合节点卫星与 GEO

骨干节点卫星间的高低轨星间链路，可以支持境外物联网终端到境内物联网应用服务器的实时数据传输；二是综合节点卫星具备存储功能，在没有星地链路和高低轨星间链路情况下，可以提供物联网采集数据的星上存储，在过境信关站时进行转发。物联网数据采集服务应用模式如图 7-15 所示。

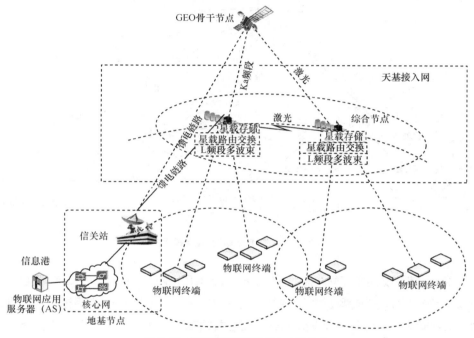

图 7-15　物联网数据采集服务应用模式

7.4.3　面向地基节点网的应用模式

地基节点网作为天地一体化信息网络的重要组成，实现与天基节点互联、浮空节点互联、地面网互联以及支撑用户应用组网等功能。若干地基节点及机动节点，与空间段的天基骨干节点、天基接入节点甚至浮空节点以及相关的用户终端，共同构成天空地一体的信息通信试验网络。

地基节点网独立运行，通过网间接口实现与天基骨干网、天基接入网、地面互联网、移动通信网之间的互联，通过用户接口为地面信息港、管控中心和用户系统提供服务，其与其他系统接口关系如图 7-16 所示。

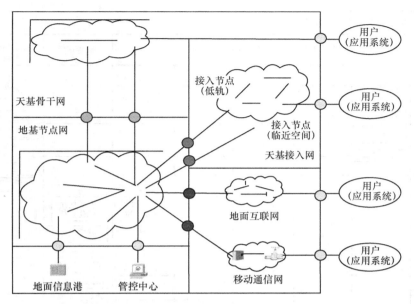

图 7-16 地基节点网与其他系统接口关系

7.4.4 通用网络业务流程

天地一体化信息网络应用服务系统的网络通用业务流程，包括需求提出、筹划规划、服务实施及服务评估等步骤。

"需求提出"指用户根据网络需求向天地一体化信息网络商务运营系统请求网络资源分配和交易。

"筹划规划"指天地一体化信息网络商务运营系统向网络运维管控系统下达服务要求，运维管控系统对请求进行资源分析，确定网络资源分配方案，并形成任务规划。

"服务实施"指运维管控系统上传卫星指令，操控天地网络节点开始执行任务，向用户开辟网络通道，将数据传入地面信息港，形成情报信息服务并分发至用户，完成任务需求。

"服务评估"主要分为 3 个方面，一个是用户对服务的质量进行评价，一个是运维管控系统对任务的执行情况、问题错误进行总结分析，一个是商务运营系统对服务的情况进行总结分析评价，改进服务模式。

网络应用服务系统通用业务流程如图 7-17 所示。

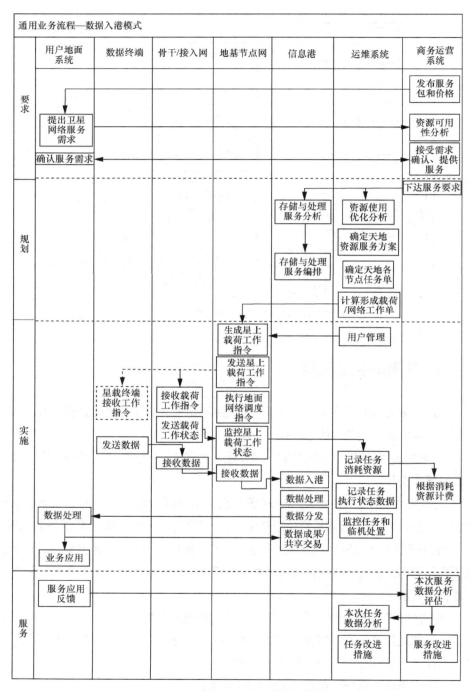

图 7-17　网络应用服务系统通用业务流程

| 参考文献 |

[1] 管清波, 冯书兴. 天基信息服务体系与作战应用[M]. 北京: 国防工业出版社, 2014.

[2] 李德仁, 朱庆, 朱欣焰, 等. 面向任务的遥感信息聚焦服务[M]. 北京: 科学出版社, 2010.

[3] KUHLTHAU C C. Inside the search process: information seeking from the user's perspective[J]. Journal of the American Society for Information Science, 1999, 42(5): 2321-2328.

[4] 王艳东, 龚键雅, 空间信息智能服务理论与方法[M]. 北京: 科学出版社, 2012.

[5] 郑作亚, 仇林遥, 潘一凡, 等. 基于天基信息网络的地面信息港系统架构及服务模式研究[J]. 中国电子科学院研究院学报, 2019, 14(7): 677-683.

[6] 管清波, 冯书兴, 马彦华. 天基信息服务模式研究[J]. 装备学院学报, 2012, 23(6): 66-70.

[7] 柳罡, 陆洲, 胡金晖, 等. 基于云架构的天基信息应用服务系统设计[J]. 中国电子科学院研究院学报, 2018, 13(5): 526-531, 544.

[8] 李俊, 项伟, 李鹏飞, 等. 互联网+天基信息应用服务模式研究[C]//第四届高分辨率对地观测学术年会论文集, 2017: 1-18.

[9] 张满超, 牛犇. 天基资源信息服务体系构建[J]. 指挥信息系统与技术, 2017, 8(5): 62-69.

[10] 郑作亚, 薛庆浩, 仇林遥, 等. 基于网络信息体系思维的天地一体通导遥融合应用探讨[J]. 中国电子科学研究院学报, 2020, 15(8): 709-714.

[11] 周彬, 郑作亚, 仇林遥, 等. 地面信息港内涵外延研究[J]. 天地一体化信息网络, 2020, 1(1): 95-99.

[12] 梅强, 史楠, 李彦骁, 等. 天地一体化信息网络应用运营发展研究[J]. 天地一体化信息网络, 2020, 1(2): 95-102.

[13] 汪汇兵, 郑作亚, 欧阳斯达, 等. 天基中继传输在陆地遥感卫星影像获取中的应用分析[J]. 天地一体化信息网络, 2020, 1(2): 103-108.

[14] 卢洋洋, 薛广月, 孙汉昌, 等. 基于天基物联网的集装箱多式联运综合信息服务平台设计[J]. 天地一体化信息网络, 2020, 1(2): 116-120.

[15] 胡桥, 郑作亚, 柳罡, 等. 基于地面信息港的灾害遥感应用服务初探[J]. 天地一体化信息网络, 2020, 1(2): 121-127.

[16] 罗斌, 陈俊杰, 崔凯. 基于天基网络的全球航班追踪系统设计及实现[J]. 天地一体化信息网络, 2020, 1(2): 128-134.

[17] 汪春霆, 翟立君, 李宁, 等. 关于天地一体化信息网络典型应用示范的思考[J]. 电信科学, 2017, 33(12): 36-41.

第 8 章

数据管理

本章首先介绍天地一体化信息网络环境数据资源的分类与构成，给出天地一体化信息网络的数据资源接入方式，然后介绍天地一体化信息网络天基数据的存储与管理现状，最后重点讨论天地一体化信息网络数据资源的分布式云存储与管理技术。

数据管理涉及数据采集、汇聚、存储、共享、处理、分发等全流程，海量数据的高效、安全、实时管理是最大限度发挥数据价值的重要保证。在天地一体化信息网络环境下，面对海量的数据资源和各类不同用户的数据需求，如何有效地存储和管理数据资源是天地一体化信息网络面临的一个巨大挑战。

| 8.1　概述 |

随着航天技术、新一代信息技术、传感器技术的日益进步以及空间信息基础设施的不断完善，目前我国在轨运行卫星已超过 200 颗，涵盖通信、导航、遥感、侦察等各个领域，每天可获取的天基数据量呈爆炸式增长，已达到 PB 级。这些数据不仅在科学研究、生态环境、农业、土地资源、自然灾害、健康、能源、气候、天气和重大工程的监测与评估等方面得到广泛作用，而且在数字地球、深空探测、空间工程、智慧城市建设等方面也发挥着重要作用，并逐步深入大众生活，产生了巨大的经济效益和社会价值。但同时这些数据资源面临着管理分散、统筹不足、数据汇聚与分发效率低、孤岛效应严重等问题，导致异地数据互通共享难以保证，综合应用服务能力弱。因而，天基数据的生产、存储和分发生态的良好治理，对于数据价值体现有着重要的意义。

天地一体化信息网络采用"天网地网"架构，由天基骨干网、天基接入网、地基节点网组成，通过"天网地网"相互协同，统筹、调度和整合空间各类数据资源，为用户提供安全可靠的数据获取、查询、传输、存储和增值服务。天地一体化信息网络在服务远洋航行、应急救援、航天测控等重大应用的同时，向下可支持高动态、大宽带实时传输；向上可支持超远程、低时延可靠传输，将人类活动拓展至空间、远洋乃至深空，满足不同用户的数据获取与应用的需求。

| 8.2　数据资源分类 |

天地一体化信息网络可以传输各种类型的数据资源。建立天地一体化信息网络环境的数据资源体系，是实现多源异构数据采集、查询、接收、传输和分发的基础，便于为各类异构数据构建统一的数据传输标准，有助于在天地一体化信息网络节点中实现对各类数据的有效集成、存储和管理。

根据数据的生成、性质、功能等不同，数据尚无明确统一的分类，根据天基信息网络传输的数据空间来源，从广义上来说，将天地一体化信息网络的环境数据资源粗略地划分为天基数据资源和地基数据资源，具体包括通信数据、导航授时数据、遥感数据、互联网数据、物联网数据、社会经济数据等，天地一体化信息网络数据资源体系分类如图 8-1 所示。

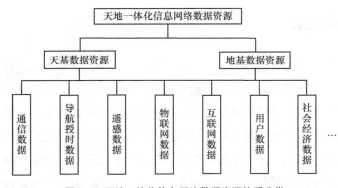

图 8-1　天地一体化信息网络数据资源体系分类

8.2.1　通信数据

一般而言，通信数据包括字母、数字、电话、电报、传真、图像、视频等数据类型。根据通信数据的来源，通信数据可划分为用于卫星通信的组网数据、通信网控数据以及关于卫星工作状态的卫星遥测数据、控制卫星工作状态的遥控数据，还有天基通信数据、地面移动通信数据、互联网数据、物联网数据等。

8.2.2　导航授时数据

这里的导航授时数据，仅指卫星导航授时数据，主要指我国自主建设的北斗卫星导航系统（BDS）、美国的全球卫星定位系统（GPS）、俄罗斯格洛纳斯系统（GLONASS）、欧盟伽利略卫星导航系统（GSNS）全球四大主要卫星导航系统以及日本的准天顶卫星系统（QZSS）、印度区域导航卫星系统（IRNSS）等区域卫星导航系统，所产生的导航定位授时服务数据。包括卫星位置（广播星历）、星钟（卫星时钟校正）、系统时间、电离层延迟校正参数、对流层延迟校正参数等数据，以及关于卫星运行的工作状态、兼容性、完好性等方面的导航电文数据。卫星导航系统以广播的形式播发电文信息，并向用户提供定位、授时以及辅助卫星信号捕获所必须的信息数据。导航数据已广泛应用于交通运输、农业、电力、金融、测绘和通信授时等领域。美国等国家正在竞相论证发展各自的国家综合 PNT 系统，对于综合 PNT 系统，将是未来导航定位授时主要的数据来源。

8.2.3　遥感数据

目前，我国已初步形成了高分、气象、资源、测绘、海洋、环境减灾等卫星遥感应用体系。卫星遥感、航空遥感数据已进入了高动态、多平台协同、高空间、高时相、高光谱、高辐射分辨率的新时代。根据获取的卫星数据类型，卫星遥感数据可粗略地分为光学遥感影像数据和 SAR 影像数据。其中，光学遥感影像数据进一步可细分为全色影像数据、多光谱影像数据和高光谱影像数据。例如，我国高分系列卫星数据、资源系列卫星数据、环境减灾 A/B 卫星数据、北京一号数据、实践九号 A/B 卫星数据等；国外的，如 Worldview1/2/3 系列光学卫星数据、Landsat 系列光学卫星数据、IKNONOS 光学卫星数据等。在 SAR 影像数据方面，例如，我国的高分三号卫星数据、环境减灾 C 星数据等，欧洲航天局的 ERS-1/2、ENVISAT-1 对地观测雷达卫星数据，加拿大的 RADARSAT-1/2 卫星数据，日本的 ALOS 卫星的 PALSAR 传感器数据等。遥感观测是获取地球表面信息的主要手段，遥感数据被广泛应用于国土、减灾、水利、测绘、环境等众多领域，是监测、认识和理解地球表层信息的主要数据来源，已成为各个国家重要的战略资源。

8.2.4　互联网数据

互联网数据指通过各种网络渠道收集的各类数据信息，包括用户爱好、社交娱乐、出行方式、饮食习惯、消费方式、购物倾向、网上问询、物品介绍等。互联网数据以文本、图片、语音、视频等类型为主，这些个性化的数据潜在反映了客观事物属性信息，通过收集、处理和分析互联网数据，可以获得有价值的信息，对人们日常活动等具有一定的参考价值。

8.2.5　物联网数据

物联网数据指通过射频识别、红外感应器、全球定位系统、激光扫描器等各种信息传感器设备产生的智能化识别、定位、跟踪、监控和测量等数据。按数据类型划分，采集到的物联网数据可分为声、光、热、电、力学、化学、生物、位置等数据类型。依据物联网数据随时间的变化情况，物联网数据又可以分为静态数据和动态数据。静态数据多以结构性、关系型数据库存储，动态数据是以时间为序列的数据，通常采用时序数据库方式存储。

依据数据的原始特性，物联网数据可以划分为能源类、资产属性类、诊断类和信号类数据。能源类数据指与能耗相关或计算能耗所需的数据，例如电流、电压、功率、频率、谐波等，能源数据是物联网最关键的数据类型。资产属性类数据通常指硬件资产数据，例如设备的规格、参数等属性数据，设备的位置信息、设备之间的从属关系等数据。资产数据主要用于资产管理，是重要的基础功能数据。诊断类数据指设备运行过程中检测设备运行状态的数据。诊断类数据可以分为两类，一类关于设备运行状态的参数数据，例如设备输入/输出值，这里通常为传统工业自动化数据；另一类为设备外围诊断数据，例如设备的表面温度、设备噪声、设备震动等，外围诊断数据着重关注数据类型。信号类数据或告警类数据，是目前使用最普及的数据，该类数据具有直观、易懂等特点。

从空间层次上，物联网数据可分为天基物联网数据、地基物联网数据和天/地基物联网数据，这些数据共同构成了天地一体化的物联网数据。

8.2.6 用户数据

用户数据，不仅包括用户的基本信息、资产、行为、状态、业务、操作记录、交易、偏好等数据，还包括与用户相关的关联数据。天地一体化信息网络的用户可以分为国内用户和国际用户两大类。国内用户可分为决策部门用户、直属管理部门用户、行业用户、科研用户和公众用户。国际用户可分为直接接收站用户、数据交换用户和共享用户。天地一体化信息网络的不同用户群对应有不同的用户数据，不同用户有不同的数据访问和获取权限。

8.2.7 社会经济数据

社会经济数据涵盖区域人口分布与结构、国民生产总值、经济发展指数、设施建设等反映区域社会和经济发展程度的统计报表类数据。社会经济数据经过空间化与地理时空数据进行融合，主要在减灾、国土、农业等方面实现社会经济信息运行与统计服务、政务空间决策知识服务和时空信息网络感知与地理情报服务等应用。

| 8.3 数据接入方式 |

天地一体化信息网络采用"天网地网"架构，由骨干网、接入网、地基节点网组成，通过"天网地网"相互协同，统筹、调度和整合各类空间数据资源，为各类用户提供数据的接入、共享分发与传输服务。天地一体化时空数据接入方式如图 8-2 所示。

骨干网支持宽带互联网和天基中继的数据接入方式；接入网支持宽带互联网接入、天基中继、移动通信、广域物联等多种数据接入方式；地基节点网支持天基网络、移动通信、宽带互联网以及广域物联网等数据接入方式。其中，地基节点的重要组成部分——地面信息港可通过移动通信接入、宽带接入、API、文件/磁盘导入、数据库导入、统一格式导入等多种方式实现对线上线下的各种数据资源的接入。

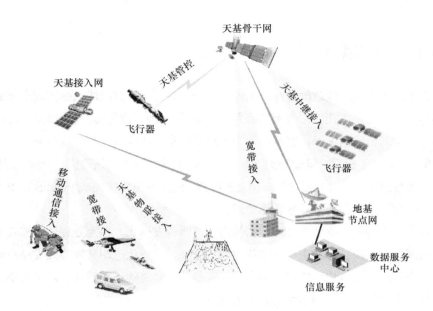

图 8-2　天地一体化时空数据接入方式

各种接入方式介绍如下。

1．移动通信接入

通过随遇接入、无缝切换、多策略网络重选等技术，为个人、载体等移动用户提供全时全域常态化天地一体化网络服务能力，为各类用户提供优质的服务和一致性服务体验。

2．宽带接入

通过广播、多播、多优先级区分服务、数字内容天地并行收/发等技术，为任务卫星、航空器、地面用户、海洋用户提供宽带互联网及多媒体信息接入能力。

3．天基物联接入

通过低功耗、低成本终端设计等技术，支持面向广域分布大规模感知设备的泛在互联，为广域范围物联网节点提供低功耗网络接入服务。

4．天基中继接入

面向遥感遥测、侦察监视等高速数据回传需求，通过激光通信、毫米波高速空间通信等技术，为侦察探测航天器、临近空间飞行器、无人机等提供远程高速数据传输服务。

8.3.1　骨干网接入

骨干网由布设在地球同步静止轨道的多个天基骨干节点组成，是实现全球数据接入与分发的重要依托，它与天基接入网、地基节点网互联，具有大容量信息传送能力，为全球范围内天基、空基及地表用户提供宽带数据接入与传输服务，支持便携、车载、船载、机载、星载等类终端。天基骨干网物理上包括通信、中继、遥感、导航等多种卫星，逻辑上可看作一个卫星节点，簇内卫星协作完成信息获取、传输、存储、处理、交换、计算、分发等功能。

接入网支持星上处理转发模式和信道化透明转发模式。星上处理转发模式支持空间组网信息交换、多波束不同链路间信息交换。信道化透明转发模式支持点波束之间宽带业务的交链透明转发、多个点波束到馈电链路的透明转发，以实现不同波束终端站宽带组网、终端站到信关站的宽带接入。

8.3.2　接入网接入

接入网采用"低轨卫星星座+临近空间平台"分层网络架构，由布设在低轨、临近空间的接入节点组成，网络结构如图 8-3 所示。接入网与天基骨干网、地基节点网互联，可实现与地面 5G 移动通信网络的融合，支持接收手持、便携、车载、船载、机载等终端的数据，支持面向广域分布大规模感知设备的泛在互联数据的接入，为各类用户提供安全可控的全球个人移动通信和全球按需宽带通信，同时提供导航增强、航空/航海目标监视、频谱监测、数据采集回传等信息服务。

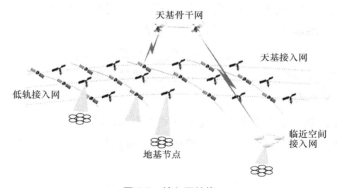

图 8-3　接入网结构

8.3.3　节点网接入

地基节点网由布设在地面的多个地基节点互联而成，地基节点分散在国内不同地区，地基节点网组成如图 8-4 所示。利用已有、在建和规划的地面光纤网、航天测控网、卫星信关站、光学地面站、电波环境观测站网等资源，实现地基节点网与天基骨干网、天基接入网的天地互联，提供语音、数据、视频等网络通信业务，支撑网络运维管控、安全防护和业务应用等功能，支持与地面互联网、移动通信网互联，满足天地一体化信息网络的数据查询、存管、传输、共享与分发等应用业务需求。

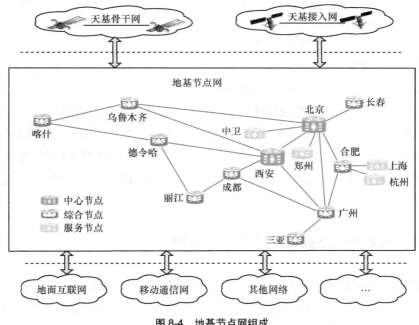

图 8-4　地基节点网组成

地面及低空用户终端，包含手持终端、便携站、固定站、车载站、舰载站、无人机或有人飞机等，这些用户终端可以通过高轨天基骨干网、服务增强卫星网或升空平台网接入天地一体化信息网络，获取所需数据信息。用户终端一般可通过微波链路实现与各类空间平台之间的信息交互。

升空平台主要布设在需要应急救援或城市热点区域的上空，实现区域内的通信、导航和遥感增强。各升空平台之间、升空平台与地面、卫星之间，都可以通过微波或激光链路实现信息交换。

| 8.4　数据管理现状 |

天地一体化信息网络的数据存储与管理，指综合运用天地一体化信息网络的数据传输和统筹调控能力，按照一定的数据存储架构和数据管理规则，对天基网络中不同空间节点的数据资源实现更加高效地查询、整合、传输、存储、共享分发等处理，并从中提取有价值的信息，以满足各类终端用户的不同需求。

对目前已公开报道的研究文献分析总结，天地一体化信息网络的数据存储与管理可概况为 3 种模式：

（1）地基节点数据的地面存储与管理；

（2）天基或空基节点数据的地面存储与管理；

（3）天基或空基节点数据的在轨存储与管理。

现阶段，天地一体化信息网络的数据存储与管理正向天基–地基协同存储与管理模式方向发展。近些年，随着大数据存储技术和计算技术的发展，地基节点数据的地面存储与管理已发展得较为成熟，本节对此不再赘述。本节将重点介绍天基节点数据的地面存储与管理和天基节点数据在轨存储与管理研究和应用现状，最后分析数据资源存储与管理面临的问题与挑战。

8.4.1　天基节点数据的地面存储与管理

天基节点数据的地面存储与管理是目前天基数据存储与管理的主要方式。当卫星或高空平台经过固定的地面站上空时，与地面站进行通信连接，将需要存储的数据发送到地面站，在地面站实现数据的存储、加工与管理。与传统地面数据存储与管理一样，天基节点数据的地面存储与管理主要包括元数据管理与实体数据管理。对元数据管理一般采用商用数据库管理系统，对实体数据管理常采用文件系统管理，根据数据的生命周期进行在线、近线以及离线的分级存储管理，管理策略按照用户的需求灵活设置。下面将分别介绍国内外天基节点数据的存储与管理应用现状。

1.　国外现状

国外在天基数据的地面存储与管理方面研究和应用得较早，早在 1994 年美国就提出了要建立国家航天数据基础设施，包括地球空间数据框架、空间数据协调、存储管理与分发体系、空间数据交换网站和空间数据转换标准。随着天基应用需求的不断增加和天基应用技术的逐渐成熟，对海量的天基数据存储管理、处理分析、整合应用、共享分发等提出了广泛需求。

目前，国外最具代表性的海量遥感影像数据地面存储与管理系统主要有 NASA 开发的地球观测系统数据信息系统（Earth Observing System Data and Information System，EOSDIS）、NASA 大数据云平台、Microsoft 在线公共地图集 TerraServer、Microsoft 在线地图服务 Bing Maps、Google 开发的用于支撑 Google Earth 的海量影像应用系统等，这些综合应用服务平台提供空间数据的存储管理、处理分析、整合应用、前沿研发和信息服务工作，最大可能地实现资源的利用和共享。

（1）NASA EOSDIS 的数据存储与管理

EOSDIS 是 NASA 遥感数据存储、集成、分发、共享系统。NASA EOSDIS 的系统体系如图 8-5 所示。EOSDIS 主要由任务系统和科学系统两个部分组成。其中，任务系统负责卫星和传感器的指挥控制、数据获取和初级处理；科学系统负责数据产品生产、存档、管理和分发。大多数 EOS 数据的标准数据产品由数据处理系统 SIPS 负责生产（目前共有 14 个 SIPS 分布在美国各地），并将所产生的数据产品交付给各个分布式数据存档中心（Distributed Active Archive Center, DAAC）存档和分发。

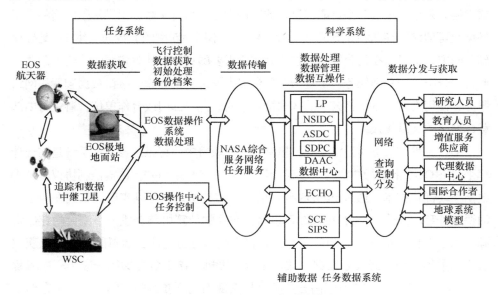

图 8-5　NASA EOSDIS 的系统体系

EOSDIS 采用一种扩展的分层数据格式,即 HDF-EOS 数据格式,作为 EOS 数据产品的标准格式,并提供了一个统一的数据访问接口。EOSDIS 采用一种开放的、分布式系统架构,由 12 个 DAAC 分别负责管理某一特定地球科学领域的地球观测系统数据与用户服务。DAAC 使用一种简单的、可扩展的、基于脚本的科学产品存档数据管理系统(S4PA),利用 Linux 目录分级组织数据,数据以分级结构存储于磁盘阵列中。EOSDIS 使用统一的元数据标准,基于 XML 建立元息交换站(EOS Clearing House,ECHO),将各 DAAC 的元数据进行集中管理,向用户提供统一的数据查询服务。

EOSDIS 将空间数据按照科学领域划分至各个数据中心存储,集成了约 2000 个数据集,总量达数千 TB,数据中心具备数据的自动化在线存储功能。同时,针对个人、企业以及其他行业部门用户提供在线空间信息产品、数据以及其他增值服务。

(2)NASA 大数据云平台的数据存储与管理

NASA 大数据云平台的云服务平台和云计算平台 iRODS 都具备对海量遥感大数据的快速存储和管理功能。2008 年,NASA 埃姆斯研究中心使用自开发的开源综合云服务平台"星云"(Nebula)协助完成对月球和火星的探索任务。月球和火星探索任务需要对大量高分辨率影像进行存储和处理。在传统的环境中,构建 IT 基础设施及配置设备需要花费 150~180 天的时间;同时,大数据交互需要接入内部载体或网络。采用"星云"平台取代昂贵的数据中心,为科学数据提供基于网络的应用环境及可伸缩的存储和计算能力,NASA 因此不用为新增的大数据构建 IT 基础设施,研究人员可以在几分钟内通过云完成所需的存储和计算资源的构建、配置、监视与升级等一系列任务;"星云"平台提供框架、代码库、接口数据装置和网络服务,使用安全的方法将云上的数据接入不同研究子部门或合作单位,避免对内部载体网络的大量接入。

NASA 喷气推进实验室的"火星漫游车"项目中的行星任务数据系统是在云计算平台 iRODS 上进行的实验,该云计算平台 iRODS 采用并行传输控制协议以及大数据移动优化技术。通过 iRODS 提供的并行传输协议,可以实现大数据在网络间的快速迁移。云计算平台 iRODS 可以将分布式的计算机整合成一个庞大的存储资源,用于存储、统一管理和共享数据,客户端通过访问这台虚拟服务器可以获取所需的数据,而不必关心数据存放在哪台计算机。该平台提供统一应用程序编程接口,可以访问超过 25 万张高分辨率火星图像而无须在实验室的计算机上存储任务附加数据。

（3）TerraServer 遥感数据存储与管理

TerraServer 是微软借助网络化的商用数据库 SQL Server 和 Windows NT 服务器推出的在线公共地图集，主要通过互联网对外提供高分辨率的航空、卫星地形影像等数据。TerraServer 按照地球投影区域存储管理数据的思想，根据数据集主题与 UTM 投影区域，将影像及元数据存储在 SQL Server 中，影像文件采用 JPEG、GIF 或 TIFF 等格式。在物理存储架构上，采用存储区域网络（Storage Area Network，SAN）和 Windows NT 服务器构建 SAN 集架构，将各存储磁盘阵列划分为 3 个数据库，主题相同的数据存储在同一数据库中，此外，对磁带库进行冗余备份以实现数据管理。

（4）Bing Maps 遥感数据存储与管理

微软依托于自身的分布式集群存储系统和云计算平台，推出了在线地图服务平台 Bing Maps。Bing Maps 对地球表面采用基于四叉树的自定义瓦片层结构进行分割，然后，将每个瓦片作为四叉树的父节点，按固定像素大小（256dpi×256dpi），依次四等分地球表面，影像文件由瓦片所在四叉树层级命名，采用 JPEG 或 PNG 格式存储。Bing Maps 通过云计算平台将所有数据文件冗余 3 份，以二进制大对象形式存储影像块，有效地提高了数据存储管理的稳定性和可靠性。该数据库 Azure SQL 采用 Microsoft SQL 服务器技术构建，主要负责存储关系数据、支撑数据访问以及均衡负载，为大量用户访问、高并发请求，提供快速的数据索引调度。

（5）Google Earth 遥感数据存储与管理

Google 公司的 Google Earth 遥感数据系统依托于 Google 的云计算技术实现海量卫星影像与航拍数据的存储与应用，并与 GIS 结合，将其显示在三维地球模型上，为用户提供高效、快速反应、高精度的三维视图。Google 云计算的基础架构主要由谷歌文件系统（Google File System，GFS）、半结构化数据库 BigTable、并行计算算法 MapReduce 以及分布式一致性服务 Chubby 4 个部分构成。Google Earth 以 KML 文件形式，按固定大小（默认 64MB）将遥感影像进行分块，采用多分辨率影像层叠加技术组织遥感影像数据，瓦片影像并行存储在多个数据服务器的 GFS 中。系统利用 Google 分布式服务器集群，构建虚拟索引库，将索引大表部署在多个子表服务器上，由主服务器协调调度子表服务器，在海量数据中，准确定位快速获取终端所需的遥感影像。

此外，还有美国的地球资源观测系统（EROS）数据中心（EDC），负责 Landsat 卫星数据及其他所有陆地观测卫星数据的接收、处理、存档和分发。该中心是世界上最大的民用地球遥感图像数据库，收藏了大量的地图、卫星图像和航空图像，已经成为 NASA EOS、ESE 项目的重要组成部分；美国数字全球公司花费巨资建立了被称为"数字全球"的在线数据库，可以 24 h 向全球用户提供高质量的太空图像成品；地球之眼公司在弗吉尼亚设有数据处理中心，在全球拥有 10 余座地面接收站，以向全球分发遥感数据。该公司将在全球设立特许经销商，以销售 ORBVIEW 卫星获取的图像。

2. 国内现状

下面介绍国内一些知名遥感数据服务机构或平台的遥感数据地面存储与管理现状，这些遥感大数据服务机构或平台主要有中国资源卫星应用中心、国土卫星遥感应用中心、国家卫星海洋应用中心、国家卫星气象中心、国家地理信息公共服务平台（天地图）、中国科学院 2019 年发布的地球大数据共享服务平台等。

（1）中国资源卫星应用中心

中国资源卫星应用中心主要负责我国陆地资源卫星数据集中处理、统一存档分发和应用，具备 4500PB 以上在线数据存储能力，以及日均 10TB 以上数据处理规模的能力。在存储架构上，卫星地面系统采用集中式存储管理和分布式处理的体系结构，在线数据、近线数据以及离线数据分别采用磁盘阵列、磁带库和磁带 3 种不同的存储策略，满足不同时效性的数据存储需求。在数据管理上，遥感影像数据实体按景组织存储，数据检索访问服务采用 Web 方式，元数据采用商业数据库系统 Oracle 管理。此外，中心还利用高性能计算集群负责数据处理，通过对原始数据解压缩、辐射校正、传感器校正及几何校正等步骤，生成标准 Geo Tiff 数据格式，对外提供二级归档产品。

（2）国土卫星遥感应用中心

国土卫星遥感应用中心主要负责自然资源陆地卫星的总体指标设计、卫星工程立项、数据集中处理、统一存档分发和应用。为自然资源调查、监测、评价、监管、执法提供卫星遥感数据、信息、产品、技术和业务支撑。建立了涵盖光学、高光谱、雷达、激光、重力 5 类载荷 0-7 级产品共计 338 种；形成了具备"卫星任务管理调度、业务产品协同生产、多源数据集成管理、信息资源同步共享"等能力特征的陆地卫星应用系统总体架构；构建了高光谱卫星数据处理业务调度管理平台。初步具备了高光谱卫星 2～7 级产品高效率生产能力；初步建立了高分七号卫星应用基本系统；初步形成了国产 SAR 卫星数据产品生产系统，自主研发的面向全球 DSM 生产的 InSAR 数据处理软件投入测试应用。

（3）国家卫星海洋应用中心

国家卫星海洋应用中心主要负责 HY-1C、HY-2A/B、NOAA 系列卫星、EOS-AM 卫星原始数据、辐射定标场现场观测数据、其他辅助数据以及专题信息产品的存档并对用户分发。在存储架构上，存储系统采用集中式服务器集群存储架构，存储网络由千兆以太网交换机连接构成 NAS 三级存储体系。在数据管理上，采取卫星和文件名称为主键的 Oracle 数据库管理方式，实现影像数据的查询检索功能，为用户提供服务。

（4）国家卫星气象中心

国家卫星气象中心依托风云卫星工程建成的气象卫星数据存档与服务系统，存储了 FY、NOAA、GMS、EOS 等 12 个系列 47 个卫星数据档案。气象卫星数据存档与服务系统的设计实施，遵循分布式数据存储与服务原则，整合风云二号和风云三号配备的服务器、网络和存储设备，共建风云卫星存档与服务体系。系统通过建立卫星影像、卫星科学数据之间的映射关系，构建时空一体化的多维模型，采用分布式空间数据库存储卫星影像与卫星科学数据，在数据存储管理上，系统采用 SQL Server 与 Sybase 企业级数据库管理，数据实体按照条带组织，卫星分类与日期分类编目；卫星存档数据产品采用国际通用的科学数据格式 HDF。客户端采用 Web 访问方式。

（5）天地图

天地图是国家测绘地理信息行政管理部门主导建设的国家地理信息公共服务平台，天地图的目的在于促进地理信息资源共享和高效利用，提高测绘地理信息公共服务能力和水平，改进测绘地理信息成果的服务方式，更好地满足国家信息化建设的需要，为社会公众的工作和生活提供方便。

天地图采取适应我国测绘地理信息行政管理特点的"分建共享"地理信息公共服务模型，将物理上分散的海量地信息资源汇集为逻辑上集中的"一站式"地理信息在线服务系统，由此实现全国地理信息资源全方位在线共享、联动更新与协作服务。天地图基于分布式多节点协同服务架构，各节点构建高可用性 SAN，以实现海量遥感影像数据的储备，节点间通过服务聚合方式构成动态稳定的天地图整体，实现互联互通系统服务。在数据管理上，天地图采用文件与商业数据库（Oracle RAC）结合的方式，既支持数据库存储，也支持大文件存储。为提高访问性能，天地图在瓦片 Morton 编码基础上，创建时空一体化索引。

（6）地球大数据共享服务平台

地球大数据共享服务平台是一个集数据、计算与服务为一体的大数据共享服务平台，该平台以共享方式为全球用户提供系统、多元、动态、连续并具有全球唯一标识规范化的地球大数据。

地球大数据共享服务平台主要由数据共享服务系统、数据银行系统以及数字丝路地球大数据系统组成。数据共享服务系统包含资源、环境、生物、生态等多个领域的数据。目前共享数据总量约 5PB。

数据银行系统提供长时序的多源对地观测数据即得即用产品集，包括 1986 年中国遥感卫星地面站建设以来 20 万景（每景 12 种产品，共计 240 万个产品）的长时序陆地卫星数据产品，基于高分卫星一号、高分卫星二号、资源三号卫星等国产高分辨率遥感卫星数据制作的 2m 分辨率动态全国一张图，利用高分卫星、陆地卫星等国内外卫星数据制作的 30m 分辨率动态全球一张图，以及重点区域的亚米级产品集等。数字丝路地球大数据系统，包括 "一带一路" 区域资源、环境、气候、灾害、遗产等专题数据集 94 套、自主知识产权数据产品 57 类、共享数据超过 120 万亿字节。目前，该系统具备千万亿字节级的软硬件环境，通过研发通用大数据平台下地球大数据提取、转换与加载工具集，实现对六大类数据的检索、共享、产品可视化展现。

此外，国内还有如航天科工集团的航天云网、中国科学院地理空间数据云、中科遥感的遥感集市以及地理信息系统产业技术创新战略联盟的工具集在线服务系统等一批具有代表性的遥感大数据存储与管理平台，因篇幅所限，本节不再展开叙述。这些遥感数据存储与管理平台均基于海量分布式存储架构，内部为独立高速宽带，提供统一管理、统一运行的云存储服务，面向行业、区域、企业以及个人用户提供在线的空间数据存储、空间信息产品、应用以及开发等服务。

目前，国内各类卫星数据的地面存储与管理系统呈现各自为阵、独立建设的局面。地面各数据系统之间缺乏一般性、通用性和相互协作的能力，存在重复建设、"烟囱式" 发展的不利局面，在一定程度上造成了数据资源分散、数据 "孤岛" 现象，给异地数据互通共享造成了一定的困难，数据利用的时效性难以保证。

尽管天基节点数据的地面存储与管理是目前天基数据存储与管理的主要方式，但是，该种数据存储和管理方式存在明显的局限性。首先，在该种存储模式下，地面站接收的天基节点传输的数据量受天基平台运行速度、轨道路线、地面站位置等因素的制约。当卫星过境时，地面站接收卫星数据的时间窗口很短暂，直接影响了地面站接收的数据资源数量。即便通过卫星中继进行数据回传，对终端用户而言，数据获取的时效性难以保障。其次，该种存储模式会导致形成以地面站为核心的集中式数据存储，容易产生数据孤岛现象，不利于数据的互通共享。最后，该种数据存储模式没有充分利用天基节点的数据存储资源，忽视了天基节点集群的数据存储能力。

8.4.2 天基节点数据的在轨存储与管理

随着存储技术和星群组网技术不断进步，目前天基节点数据在轨存储与管理引起广泛的研究和应用。例如，为了有效地存储、记录星上数据，吴琼等提出了一种以闪存为存储介质的星载高速大容量存储技术。为提高皮纳卫星数据存储系统性能和可靠性，刘光辉等提出了一种基于三级容错架构和三级数据存储的文件数据存储系统方案，经过地面实验和在轨验证试验表明了采用三级数据存储策略能够提高数据存储速度和存储介质的故障容错能力。针对卫星数据的地面存储中存在的通信效率低、实时性差等缺点，吴程熙等提出了一种混合型分布式卫星集群存储系统，该系统能对星间结构各异的不同数据进行统一的管理，真机实验和仿真实验验证了该混合型分布式卫星集群存储系统的可行性。天基节点数据的在轨存储与管理是目前天地一体化信息网络天基数据存储的新方向，上述研究为天基节点数据的在轨存储与管理提供参考和借鉴。

8.4.3 面临的问题与挑战

现阶段，天地一体化信息网络的数据存储与管理仍然以地面存储与管理模式为主，天基节点数据在轨存储与管理模式正在研究向应用过渡，天基–地基协同的数据存储与管理模式亟待研究。与地基节点网络的数据存储与管理相比，天地一体化信息网络数据存储与管理面临更大的挑战，这些挑战体现在以下几个方面。

（1）天基网络拓扑结构的时变性，给星间、星地链路的数据传输、存储与管理、数据的容灾备份等带来了挑战

由于天基网络中各类轨道卫星之间及天基与空基平台、天基与地基平台间空间位置的相对移动变化，卫星节点所组成的天基网络拓扑结构和天基-地基网络拓扑结构都发生动态变化和重构，星间、星地链路数据传输与分发的时间窗口特性更加明显。天基网络数据传输具有时延高、误码率高、链路频繁通断等特点，天基网络拓扑结构的动态重构将进一步导致星间链路和星地链路的通信时延、误码率、中断率又会提高，这些都对天地一体化信息网络环境下的星群分布式存储和星群组网管理提出了新的挑战，对数据的容灾备份提出了更高要求。

（2）各类用户终端的异质性，给天基网络节点的数据存储与管理提出新的要求

在天地一体化信息网络中，各类用户终端的接入主要通过星地链路实现数据资源的获取。由于终端的不同，终端接入控制协议也有所不同，天基网络节点需具备提供各类异质终端的数据接入、终端管理、终端通信控制等能力，以实现各类异质平台信息获取，最终向用户提供服务。

（3）终端用户数据资源需求的多样性，给天基、地基节点的存储和管理提出更高的要求

不同用户对天基信息系统应用服务需求差异较大且会发生变化，导致不同用户对天基平台与地基平台的存储能力、网络通信能力、平台基础计算能力等要求不同。由于地基平台计算、存储等可以采用大量成熟装备，但是天基平台的计算、存储等能力受到严格限制，无法像地基平台一样采用成熟设备，因此，天基平台的存储和管理需要进一步考虑不同平台的差异，同时也应该尽可能弱化平台的差异性，以满足各类终端的多样化需求。

综上所述，天地一体化信息网络具有体系结构复杂、拓扑动态变化、自组织程度高和各类终端用户需求多样等特点，某一局部范围内组网应用方式、拓扑结构的变化都会影响全网的状态。针对上述不同的研究问题，近年研究人员提出了不同的解决思路。例如，针对天基信息网络的星群组网管理需求，程学斐等提出了一种改进的天基分布式卫星组网的控制方法，通过对一致性散列算法进行适应性的修改，设计和实现了分布式路由控制和资源数据的分布式管理，缓解卫星通信链路不稳

定、存储资源有限的不足，提高卫星通信的稳定性。面对天基信息网络节点存储资源严重受限，当节点失效或传输节点双方长时间不可见时会带来数据丢失等问题，孔博等提出了一种混合分布式存储管理策略，将信息分散存储在整个天地一体化信息网络中，以改善网络资源利用效率，提高数据存储可靠性。针对天基信息网络中临近空间平台快速移动所产生的无线资源动态管理技术问题，周家喜等提出了天地一化信息网络资源动态管理技术，分析了动态组网建模的队列管理策略、移动性管理策略以及移动性管理成本。

实验表明，通过合理地划分 IP 区域，设计位置更新机制，优化移动性管理具体步骤和流程，可以降低移动性管理成本。针对天基信息网络中天基卫星节点和用户终端的移动时变问题，王攀等提出了基于 Pub/Sub 模型的天地一体化信息网络移动性管理方法，测试实验验证了所提模型的有效性。针对天基信息网络的特点，赵锦园等提出一种分布式的云存储架构，分析并给出了天地一体化环境下与云存储相关的一些关键技术。这些研究对建设我国天地一体化信息网络具有重要的参考价值和借鉴意义。

| 8.5　分布式云存储与管理 |

天地一体化信息网络的数据处理过程包括数据的获取、处理、传输、存储和分发等环节，传统的地面存储与管理数据资源的方式在数据获取时效性、空间带宽利用率和系统安全抗毁等方面的不足日益显现。随着空间组网和航天电子信息技术的发展，近年来天基节点的存储能力和在轨信息处理能力得到了快速提升，研究天地一体化信息网络天基地基协同的分布式云存储变得日趋可行。

8.5.1　设计要求

针对不同终端用户的多样化数据资源需求和天基网络拓扑结构动态变化的特点，天地一体化信息网络数据的存储与管理涉及数据从天基或地基节点流转到用户终端的整个过程，数据资源的存储和管理需要统筹发挥天基平台和地基平台的优势，协同实现数据的查询、获取、计算、存储、共享分发等流程。具体地讲，天地一体化信息网络数据资源的存储与管理要考虑以下内容。

（1）在时变的网络结构方面，针对动态变化的网络拓扑结构、不同的终端用户需求和多源异构的数据类型，需要设计合适的数据存储架构与管理模式，以支持单点存储、集群存储以及多数据中心存储。针对天基网络节点的移动时变问题，考虑移动网络节点的数据存储与管理方法。

（2）在时空数据查询索引方面，要综合考虑时空大数据的空间特征及时变特点，实现按照空间、时间、属性多维度的综合查询，支持流数据按照网络节点、地面站点、时间序列检索查询。

（3）在多源异构数据读写方面，应该能够支持多时态、多维度、动态变化、结构化及非结构化数据的快速访问，同时支持快照更新和瓦片增量更新。

（4）在数据流转与共享分发方面，要能支持与传统数据源的流转与互操作（关系数据库、文件数据、网络服务等），也要支持与底层驱动之间的相互转换和数据流转。其内容主要包含时空数据引擎、非关系数据库、元数据服务器和权限管理与认证服务器。其中，时空数据引擎是核心，包含数据发现、数据访问和数据集成，实现时空数据的物理分布、逻辑统一，能够对时空大数据进行高效存取、快速检索。

（5）在容错和动态自适应方面，需要考虑天基或地基节点的故障问题，如何检测节点故障，并自动将故障节点上的数据和服务迁移到网络中的其他节点。此外，还要考虑如何将某一节点或某些节点的数据快速发布到其他多个节点，实现跨节点的数据读/写/存储操作，实现数据的及时备份。

（6）在数据安全方面，防止数据在录入、处理、统计或打印中卫星资源失效、卫星硬件故障、地基节点断电、宕机、人为的误操作、程序缺陷、病毒或黑客等造成数据库损坏或数据丢失。

（7）数据的存储和传输效能方面，针对天地一体化信息网络拓扑结构时变性特点以及天基存储容量和数据读/写速度的局限性，需要综合考虑网络节点之间数据传输的效能与能源开销的平衡，降低系统管理成本和系统能耗。

8.5.2　天基节点与地基节点数据存储方案

天地一体化信息网络下的天基节点与地基节点协同的数据存储，以地基节点存储为主，天基节点存储为辅，通过天基—地基协同，形成天地一体化信息网络的数据存储与管理能力，满足各类不同用户多样化的数据和应用服务需求。为提高天基节点（卫星）的数据读/写能力和存储容量，天基节点的数据存储采用新型存储介质和固态硬盘相结合的混合介质存储方式。地基存储节点采用大容量的存储设备，具备强大的数据计算和分析能力。天地一体化信息网络的天基地基协同的数据存储方案如图 8-6 所示。

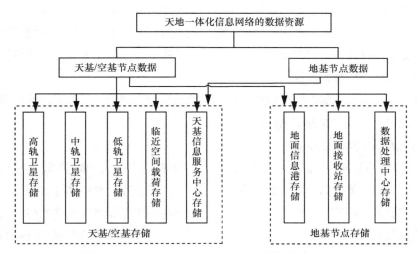

图 8-6　天地一体化信息网络下的天基地基协同的数据存储方案

下面分别介绍天基/空基存储和地基节点存储。

1. 天基/空基存储

天基/空基存储主要可分为高、中、低轨卫星的存储，临近空间载荷存储和天基信息服务中心存储。星上存储起到数据缓存作用，要求具有高速的数据存储和读/写性能，具备较强的数据处理能力。天基信息服务中心是天基节点网数据存储与管理的中心，是天地一体化信息网络数据存储与管理的副中心。下面分别对高、中、低轨卫星的存储，临近空间载荷存储和天基信息服务中心存储进行介绍。

（1）高、中、低轨卫星的存储

高、中、低轨卫星在数据接收和传输过程中，需要实时、高速地读/写接收不同类型的数据，并具有一定的数据在轨处理能力。但是，现有的 **Hadoop** 等很难达到这一目标，主要的困难在于无法提供低时延、高吞吐的实时大数据存取能力。星基存储介质的选择，不仅要考虑存储介质的体积、重量、功耗、存储容量、读/写速度、重复可擦除、寿命等因素，还要考虑存储介质的抗辐照、温度等特性。星基存储介质可采用高速—大容量存储介质，如新型存储介质和大容量固态存储器相结合的混合存储。

新型存储介质是相对于传统的磁存储介质而言的，新型存储介质有闪存（Flash Memory）、磁性随机存取存储器（Magnetic Random Access Memory，MRAM）、阻变式存储器（Resistive Radom Access Memory，RRAM）和相变存储器（Phase Change Memory，PCM）等。其中，PCM存储级主存具有非挥发、存储速度快、易实现、高密度等特点，在高速与海量存储方面具有巨大的潜能，结合新型存储介质和大容量固态存储器，可建立星上数据的分布式多节点集群的大数据存储系统。

（2）临近空间载荷存储

临近空间载荷存储能力要求与星上存储要求相同，同样可参考卫星的新型存储介质和大容量固态存储器相结合的混合存储。

（3）天基信息服务中心存储

天基信息服务中心是天基网络数据生产、传输、加工、存储与管理等数据处理中心，是天地一体化信息网络数据生产、传输、加工、存储与管理等数据处理的副中心，需要具有高速并发存储、高可靠性、高资源利用率和高可靠性的存储能力。天基信息服务中心通过星间、星地链路，将不同轨道和种类的飞行器与相应的地面设施（如地面信息港等）应用系统连接，采用高速—大容量存储介质进行数据存储，利用云计算架构实现天基数据资源的分布式计算和存储。将多台存储设备的存储空间整合为存储资源池，利用资源虚拟化技术按需提供弹性计算，提供云存储软件定义网络的服务能力，实现存储空间的动态划分。

2. 地基节点存储

根据地面数据存储和处理任务的不同，将地基存储分为地面接收站存储、数据处理中心存储和地面信息港存储。

（1）地面接收站存储

卫星地面接收站对接收的卫星数据进行解调和存储，在整个数据传输链路中起到数据转存和缓存的作用。卫星地面接收站的数据存储对存储介质的读/写性能要求高，可采用闪存等新型存储介质和大容量的固态存储器。

（2）数据处理中心存储

数据处理中心主要完成数据的存储、分析、计算、加工、分发和备份等，对存储介质的稳定性、读/写性能、计算密度、安全性、存储容量、可扩展性和可用性等都有较高的要求。针对不同的数据处理中心任务，需要选择合适的存储管理软件和存储设备，确保有充足的数据备份容量。

（3）地面信息港存储

地面信息港是天地一体化信息网络数据存储、加工、处理、分发和服务中心，能够提供大规模的计算、存储资源，为海量异构天基数据的存储、分析、共享和综合利用提供支持。借助分布式文件系统、关系型数据库、非关系型数据库、列存储数据库、图数据库等分布式存储载体和工具，存储来自不同数据源的空间数据，按数据模型进行组织管理，形成原始数据、主题数据、业务专题数据等，并采用专用的算法建立索引，通过统一的访问接口，实现对数据统一的管理、维护、快速检索和调用。

8.5.3　分布式云存储系统

针对目前我国卫星应用中存在的数据资源管理分散、信息融合共享难、通导遥综合应用服务薄弱等问题，基于分布式云存储的建设理念，按照"资源虚拟、云端汇聚"机制，利用云计算、区块链、内容分发网络（Content Delivery Network，CDN）和对等网络（Peer-to-Peer，P2P）、卫星通信、导航、遥感等技术，集成空间数据资源，实现陆、海、空、天分布的信息资源向天基、地面信息港聚合，并以多中心联合的形式提供网络通信、数据分发、定位导航授时增强等基础应用服务，以及空间、航空、海事、物联等领域应用服务，建立结构开放、时空统一、面向服务的通导遥综合应用服务平台，形成功能分布、逻辑一体的数据存储与管理服务体系，结合通信卫星和地面互联网为用户全天候不间断提供"一站式"空间数据的基础和增值等典型数据应用服务。

如图 8-7 所示，该分布式云存储系统采用分布式、多中心的方案，主要由一个空间数据应用服务中心、一个天基空间数据应用服务中心和若干分布在不同地基、天基节点区域的分中心组成。一方面，通过 SDN 技术将离散、分层的多个数据中心连接成全新的分布式数据中心，再利用云计算的资源虚拟化技术将各中心的存储资源、网络资源和计算资源虚拟化，形成统一的逻辑资源池，然后通过总控中心，为资源请求者提供透明、自适应的最优化资源利用、调度和全方位管理，实现各数据中心自治基础上的虚拟整合、协同服务、灵活扩展、互为备份、容灾抗毁，整体构成分布式空间云数据中心。

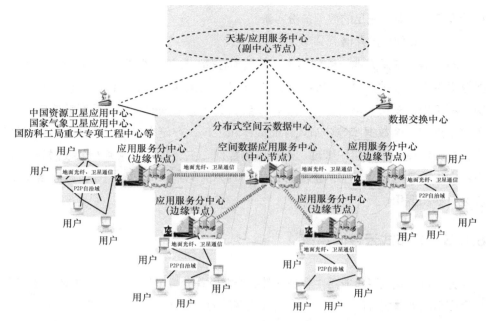

图 8-7　混合自治的分布式云存储系统

　　另一方面，空间数据应用服务中心、天基空间数据应用中心和各分中心形成主中心—副中心节点、主中心—边缘节点的数据存储模式。为了提升空间信息资源的分发效率，首先基于 CDN 技术，利用内容缓存和负载均衡机制，结合用户距离、网络状况和服务节点的负载情况，智能地将用户的空间信息服务请求重定向到最优的边缘服务节点（分中心），使区域用户可以"就近"获得服务；其次，在各边缘节点所属的区域用户中，充分利用 P2P 的多点传输能力，各用户构成 P2P 自治域，进行 P2P 数据交换，进一步提升空间信息资源的传输效率。

　　空间数据应用服务中心（主中心节点）和天基数据应用服务中心（副中心节点）以各卫星应用中心为依托，以地面接收系统或其他商业途径为辅助手段获取空间信息，完成空间信息的接入、组织、管理、共享以及处理，实现对整个空间信息综合应用平台的统一组织与协调管理，提供统一的空间数据产品的融合处理服务，并通过天基网络和地面互联网将数据及产品分发给地面各分中心；也可从地面各分中心获取各级各类空间信息产品，进行跨业务范围的综合处理，按需为授权用户提供空间信息服务。

　　空间数据应用服务分中心（边缘节点）面向不同行业和区域的信息化业务特点，对区域内空间信息服务系统进行统一组织管理，协调分中心之间信息服务任务和资源，为本区域内的授权用户提供数据的专业处理及信息产品生成等服务，承载行业专业化与产业化应用以及区域综合化应用。具体地，数据资源方面，为系统提供多源空间数据的存储功能，提供多中心、分布式环境海量结构化、非结构化的不同类型行业数据的存储与访问功能。

在网络化计算存储服务方面，底层的并行处理框架为大规模空间数据处理提供并行处理能力，支持多用户需求并行分析、海量元数据查询、空间数据并行分发；分布式存储平台提供跨系统的数据共享环境，具备海量天基导航、遥感、通信信息等异构数据的分布式云存储能力。上层的网络化计算服务与网络化存储服务提供计算与存储监视、分配、调度等通用支撑服务，支持计算与存储能力的灵活扩展与使用，为信息服务平台其他部分提供计算存储支撑。

在面向全局核心服务方面，采用面向服务的体系结构技术，面向各类天基信息资源提供动态接入服务、注册发现服务、全局地址服务、资源监视服务、资源调度服务、负载均衡服务等核心能力，支撑各类天基信息资源的入网共享与按需服务；同时，提供网络化服务的运行支撑环境，支持服务的二次开发。

在数据服务平台建设方面，面向网络化数据服务体系构建，提供统一的元数据管理手段、共用的数据维护管理工具、数据集成服务和内容管理服务，支撑分级分类的数据管理、同步与按需访问，具体包括数据建模与封装、数据抽取与同步、数据访问服务等。

在软件服务方面，基于服务运行支撑环境，为各类软件服务提供强大的运行服务平台支撑，通过提供软件聚合框架、系统构建模板、业务流程编排工具等平台支撑软件，支持网络上广域分布的同类软件服务的能力聚合、异类软件服务的功能聚合，以及任务系统的动态在线构建与功能重组等，同时为上层应用软件服务提供诸如图形图像处理、多媒体处理等共性应用支撑服务。

在资源管理方面，信息服务资源管理系统对计算资源、信息资源和软件服务资源等进行监视与管理，确保各类资源服务正常运行。

在信息服务方面，通过大规模数据分布式存储管理与智能分发、基于人工智能的大规模数据分析、基于用户需求的数据挖掘等技术，为各类用户提供计算、存储、网络资源等基础设施服务。

在业务应用体制方面，采用分布式统一通信架构、云化大规模并发业务处理、异构链路业务自适应转换等技术，实现异构网络统一通信服务；采用微服务、云计算、大数据、人工智能等技术，实现多源异构数据的汇聚、集成与融合处理，提供快速高效的信息可视化服务、智能分析服务及数据产品共享分发服务。

8.5.4　数据管理框架

　　基于天地一体化信息网络的天地协同环境，建立"天地一体"的数据统一管理平台。面向用户多样化的数据需求，分别为来自不同空间层次、不同数据类型的数据资源建立对应的数据存储、管理策略，并集成、统一在数据管理平台下，最终实现天地一体化信息网络数据资源的统一调度和管理，包括数据资源管理、数据接入、数据标准规范、数据基础设施、存储、分析、查询、检索、共享分发、安全维护、数据应用服务等各种类型的管理。天地一体化信息网络数据管理框架如图8-8所示。

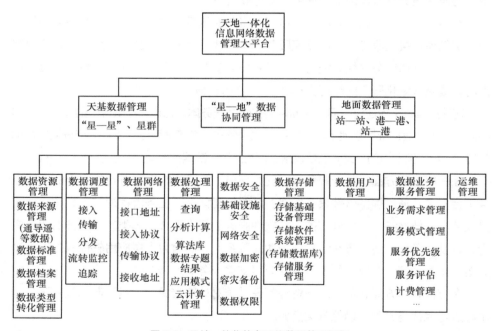

图 8-8　天地一体化信息网络数据管理框架

8.5.5　数据传输链路

　　为保障天地一体化信息网络数据资源的快速高效分发与流转，天地一体化信息网络采用具有天基组网、天地互联特点，并兼容地面互联网、移动通信网的开放网络协议体系，自主创新天基网络激光/微波链路传输、动态路由、资源管理、移动性管理、应用服务、安全防护、运维管理等基础协议，规定网络节点之间的物理层、链路层、网络层、传输层、应用层协议规则，支持不同安全等级、不同服务质量（QoS）的多业务共网传输，为各类用户提供全球性网络通信、数据分发等应用服务。同时，针对空间传输环境复杂、天基节点资源受限等约束，采用"天地协同"的网络运行机制，引入软件定义网络、天基智能节点等新理念，降低天基网络节点传输、交换、处理要求，同时发挥地面设施在传输、处理、控制等方面的能力及容易升级扩展的优势，天地一体，实现网络性能整体最优。

8.5.6　数据安全

天地一体化信息网络数据安全不仅体现在网络传输层面，还体现在数据传输链路、数据存储、数据资源隐私、用户信息隐私等各个方面。在网络传输方面，网络传输采用内生式安全拟态防御、柔性可重构动态赋能、安全态势轻量化感知、可重构密码处理、统一认证与动态授权等技术，实现网络传输安全保密、节点互联安全可信、用户接入安全可控、域间互联控制隔离和安全态势实时感知，具备多层次、内生式综合数据安全防护管控能力。将多安全级强制访问控制、加密、审计等安全机制融入平台相关的数据存储、存储备份各环节，为资源层、服务层及应用层提供统一的安全保密手段，保障系统的数据信息安全，有效保证数据在收集、处理、传输、分发过程的安全可靠。

面对大规模网络化数据中心安全防御需求，天地一体化信息网络的数据安全保密体系按照"主动防御+全面监管"的设计理念，构建以大数据云平台为核心，覆盖云基础设施、数据信息、数据应用、终端服务的"云+端+边界"的全方位安全防护体系，实现纵深联动防御与天地一体化信息网络服务的融合。从数据的安全层级、安全性能和安全管理 3 方面提供对不同用户、不同数据资源的分级保护和等级保护，确保天地一体化信息网络的云基础设施、数据资源、终端应用以及终端服务的全面安全可控。

8.5.7　数据运维管理

为保障天地一体化信息网络数据传输的正常运行，实现高可用性与安全性的运维目标，针对天基和地基云基础设施、系统与数据、管理工具、人员等，构建一体化数据运维保障体系，为天地一体化信息服务体系建设提供高效、可靠的运行保障环境，提高系统稳定运行的可靠性和稳定性，保障各类资源监控和运维保障流程的执行力度和水平。

天地一体化信息网络的数据运维采用统一管控、网络化测控、资源虚拟化、云计算、面向服务的体系结构、异构网络统筹规划等，实现全网管控信息统一采集、存储、处理和分发，实现各节点及网络控制、管理、运营、维护等功能的综合集成和灵活定制，实现扁平化管理控制、开放化业务运营和智能化运行维护。通过对系统内 IT 资源实行全天候、全方位的集中管理和实时监控，准确掌握设备和应用服务系统的运行和使用状况，提早发现、主动预防、快速处理、快速恢复、最大化地减少故障。

8.5.8　数据容灾备份

数据容灾备份为防范天地一体化信息网络数据丢失提供了安全保障。天地一体化信息网络采用统一容灾技术实时对数据进行备份。统一容灾备份技术是将容灾和备份两个独立的技术融合，采用虚拟化和网络瞬时传输技术在同一环境、同一时间实现业务系统和数据备份，使用户可以不借助双机软件，即可同时获得双机热备份功能和容灾备份功能。天地一体化信息网络在地基节点网、天基接入网、天基骨干网之间有多条高速的天地链路，为容灾系统中的数据备份传输提供了高速可靠的通道。通过融合网络连通性监测和业务级仿真监测的自动化监测和响应技术，建立统一容灾备份系统，分别在数据级、业务级等多个不同层面实现对天基各节点和地基各节点存储数据的容灾备份，确保数据和不同终端用户业务服务的完整、可靠、安全。

┃ 参考文献 ┃

[1]　闵士权. 天基综合信息网构想[J]. 航天器工程, 2013, 22(5): 1-14.

[2]　沈荣骏. 我国天地一体化航天互联网构想[J]. 中国工程科学, 2006(10): 19-30.

[3]　张乃通, 赵康健, 刘功亮. 对建设我国"天地一体化信息网络"的思考[J]. 电子科学研究院学报, 2015, 10(3): 223-230.

[4]　梁宗闯, 陶滢, 高梓贺. 天基宽带互联网发展现状与展望[J]. 中兴通讯技术, 2016, 22(4): 14-18.

[5]　孟小峰, 慈祥. 大数据管理: 概念、技术与挑战[J]. 计算机研究与发展, 2013, 50(1): 146-169.

[6]　郭丽红, 张谦, 梅强, 等. 美军信息通信系统发展研究[J]. 无线电通信技术, 2017，43(3): 13-20.

[7]　张大众, 郑作亚, 刘一, 等. 北斗卫星导航系统单星授时精度分析[J]. 测绘通报, 2019(4): 7-10.

[8]　柳罡, 陆洲, 胡金晖, 等. 基于云架构的天基信息应用服务系统设计[J]. 中国电子科学研究院学报, 2018, 13(5): 526-531.

[9]　孟祥曦, 张凌, 郭皓明, 等. 一种面向工业互联网的云存储方法[J]. 北京航空航天大学学报, 2019, 45(1): 130-140.

[10]　牛晓丽. 物联网大数据存储与管理技术研究[J]. 电脑编程技巧与维护, 2020(2): 67-68.

[11]　王峰. 资源卫星数据地面存储管理系统的设计与实现[J]. 航天器工程, 2009, 18(3): 66-71.

[12]　吕雪锋, 程承旗, 龚健雅, 等. 海量遥感数据存储管理技术综述[J]. 中国科学: 技术科学, 2011, 41(12): 1561-1573.

[13]　蒋捷, 吴华意, 黄蔚. 国家地理信息公共服务平台"天地图"的关键技术与工程实践[J]. 测绘学报, 2017, 46(10): 1665-1671.

[14]　地球大数据共享服务平台[Z]. 2020.

[15]　吴琼. 基于闪存的星载高速大容量存储技术研究[J]. 通信世界, 2017(4): 293.

[16]　刘光辉, 周军, 孙菲. 皮纳卫星数据存储系统设计与在轨验证[J]. 哈尔滨工业大学学报, 2018, 50(2): 178-183.

[17]　吴程熙. 混合型分布式存储系统中的存储策略研究与实现[D]. 南京: 东南大学, 2017.

[18]　程学斐. 天地一体化网络共性支撑平台中星群组网管理能力的研究与实现[D]. 北京: 北京邮电大学, 2018.

[19]　孔博, 张威, 张更新, 等. 天地一体化信息网络中一种混合存储管理策略[J]. 中国电子科学研究院学报, 2015, 10(5): 474-478.

[20]　周家喜, 张正宇, 顾钰. 天地一体化信息网络资源动态管理技术研究[J]. 通信技术, 2018, 51(4): 881-885.

[21]　王攀, 张皓涵, 李静林. 基于 Pub/Sub 模型的天地一体化网络移动性管理方法[J]. 无线电工程, 2018, 48(3): 193-197.

[22]　赵锦园, 陈小凤, 马小鹏, 等. 天地一体化网络环境下的云存储技术探讨[J]. 计算机时代, 2016(12): 13-16.

[23]　金培权, 郝行军, 岳丽华. 面向新型存储的大数据存储架构与核心算法综述[J]. 计算机工程与科学, 2013, 35(10): 12-24.

[24]　金培权. 基于新型存储的大数据存储管理[J]. 大数据, 2017(5): 70-82.

[25]　张鸿斌, 范捷, 舒继武, 等. 基于相变存储器的存储系统与技术综述[J]. 计算机研究与发

展, 2014, 51(8): 1647-1662.

[26] 吴章玲, 金培权, 岳丽华, 等. 基于 PCM 的大数据存储与管理研究综述[J]. 计算机研究与发展, 2015, 52(2): 343-361.

[27] 杨子宇. 大数据环境下云存储数据安全的相关探究[J]. 中国科技信息, 2017(10): 56-57.

[28] 吴为强. 云计算与大数据环境下全方位多角度信息安全技术研究与实践[J]. 通信世界, 2017(14): 45-46.

[29] 崔新会, 陈刚, 何志强. 大数据环境下云数据的访问控制技术研究[J]. 现代电子技术, 2016, 39(15): 67-69.

[30] 季新生, 梁浩, 扈红超.天地一体化信息网络安全防护技术的新思考[J]. 电信科学, 2017, 33(12): 24-35.

[31] 王曦. 大数据环境下云计算数据安全存储方法研究[J]. 电脑知识与技术, 2017, 13(11): 42-43.

[32] 付江, 程永新. 基于天基信息基础设施的数据容灾设想[J]. 通信技术, 2016, 49(11): 1503-1508.

[33] 刘丽, 耿凯峰. 基于虚拟化技术的高校容灾系统建设研究[J]. 自动化技术与应用, 2016(7): 122-125.

[34] 岳昊. 远程数据容灾关键技术及其应用的研究[D]. 南京: 南京邮电大学, 2012.

[35] 蒲伟华, 付向艳, 樊飞转. 统一容灾备份技术在高校数据安全中的应用[J]. 信息与电脑, 2018(1): 223-224.

[36] 中华人民共和国自然资源部.自然资源部卫星遥感应用报告[R]. 2019.

[37] 中国对地观测数据资源发展报告[Z]. 2019.

[38] 仇林遥, 郑作亚, 周彬等. 地理时空数据关联与聚合服务方法综述[J]. 中国电子科学研究院学报, 2019, 14(3): 223-230.

本章介绍了基于天地一体化信息网络开展典型应用的目标，描述了网络的应用特点，根据网络的优缺点分析不同场景网络的选择及适用条件，给出典型应用的 7 个方向，主要包括全球物联网、应急救灾保障、天基中继与管控、航空网络服务、海洋信息应用、极地通信保障服务和信息普惠服务内容，每个方向从应用场景概述、行业应用现状和典型应用场景角度进行描述分析。

开展基于天地一体化信息网络的典型应用工作，对项目的效能评估、性能完善、应用推广有重大意义，网络研制建设、关键技术试验与典型应用示范构成了天地一体化信息网络建设运营的三大主要任务。

| 9.1 应用概述 |

开展应用服务是天地一体化信息网络建设发展的最终目标，在天地一体化信息网络的方案设计、技术攻关、研制建设以及试验验证、运营服务阶段都需要充分考虑天地一体化信息网络的应用目标、应用特点、应用场景等。

9.1.1 应用目标

典型应用是天地一体化信息网络建设运营的重要任务之一，根据用户的需求，通过对天地一体化信息网络在真实场景条件下开展的示范性应用工作，实现探索应用模式、评估系统技术性能、建设效能以及推广网络应用的目标。

9.1.2 应用特点

天地一体化信息网络的应用特点主要包括以下几个方面。

1．过程的全面性

典型应用示范工作不只是某个应用系统的研制建设，它包括应用需求与模式研究、关键系统研制、应用用户链的构建、系统建设效能评估、知识产权与标准体系布局、产业化能力储备等环节。

2．场景的典型性

典型应用示范工作选取的不一定是用户最终的全规模应用场景，但一定要体现用户需求与应用模式的典型性，包括实际应用的关键环节、关键系统与关键能力。

3．系统的真实性

典型应用示范工作与系统研制建设、关键技术试验不同，它的本质是真实的应用。除了部分外围设备设施可以采取等比、模拟、替代等手段外，必须是真实用户、真实场景、真实平台、真实网端、真实流程、真实信息的集合。

4．成果的多样性

典型应用示范工作全过程产生的成果是多样的，包括方法（探索新的应用模式）、系统（构建新的应用系统）、设备（研制新的应用服务设备）、产业链（打造新的产业链）、知识产权（布局核心知识产权）、标准体系（建设相关标准规范）、数据（采集系统评估的真实数据）和能力（形成持续可扩展的应用能力）等方面。

9.1.3　典型应用场景选择

天地一体化信息网络按照"全球覆盖、随遇接入、按需服务、安全可信"的愿景，按照骨干网、接入网、地基节点网实现了天地空间立体组网、与地面网络无缝铰链、基本业务全面综合的系统优势，与趋于成熟饱和的地面网络相比，其优势在于覆盖性、安全性、移动性、便捷性、抗毁性强，但是也有着带宽相对较小、容量相对较小、代价相对较高的不利因素。因此在应用场景的选择上，必须做到天地结合，扬长避短。

- 选择地面网络不能覆盖的场景，包括太空用户、大部分的航空用户、海洋用户、极地用户等。
- 选择地面网络不愿覆盖的场景，包括荒漠、林地、山区、草原等陆地广袤的无人、少人区用户。
- 选择地面网络目前难以覆盖的场景，包括少数偏远村庄、牧区等信息欠发达区域。

- 选择地面网络失效或不能使用的场景，如应急救灾场景。
- 选择对信息安全可控要求高的特殊场景，如公共安全、境外企业等安全通信等用户。
- 选择对信息可靠性要求高的场景。对信息的可靠性要求极高，需要天地一体化信息网络作为备份与检核，开展双平面同步的工作，如涉及航天任务、铁路自动控制信号、关键气象信息等。

9.1.4 典型应用场景

根据天地一体化信息网络的应用特点，依据"天地结合、扬长避短"的原则，典型应用方向如下。

1. 应急救灾保障

主要针对国家应急管理部在自然灾害以及安全生产事故灾难的应急通信、信息支援，以及监测、预警、评估、恢复重建等灾害管理需求，建立信息传输、传感器通信等信息保障能力。

2. 天基信息中继

面向地球同步轨道到邻近空间的天基用户，建立数据中继传输、天基管控以及天基目标组网 3 类服务，作为我国中继卫星能力的有力补充，形成大量民、商卫星宽带数据及时回传，全域空间目标天基管控，用户星座快速组网服务等新型信息应用服务能力。

3. 航空网络服务

主要针对各大航空公司等用户的全程信息接入、信息保障需求，建立航空网络应用服务系统，形成自主可控的驾驶舱高安全级别语音及数据通信服务、基于天基的 ADS-B、飞机健康管理、客舱宽带通信服务及航空器全球追踪等能力。

4. 海洋应用服务

主要针对交通运输部、农业农村部、自然资源部等用户海上交通管理、互联网接入服务、海上作业信息服务、海上维权信息支援需求，建立海洋应用服务系统，提供水上、水面、水下范围内物、人员、船只间的通信服务，形成包括网络化的海洋环境监测、海洋信息共享、海上综合执法、无人岛礁与重点海域防护及智慧渔业服务等能力。

5．铁路信息服务

面向高原山地等区域的重大铁路工程的勘察设计、建设施工、运营维护管理全过程，开展天地一体化信息网络对国家重大项目的全面信息支撑应用示范。

6．信息普惠服务

面向国家乡村振兴、偏远地区信息化建设、远程教育医疗等国家战略，联合政府相关部门、电信运营商、信息服务商等，研制信息普惠应用服务系统，在老少边穷区域，提供示范教育、乡村振兴、远程基层党建等信息服务能力。

7．全球移动服务

主要针对全球范围内个人、企业、行业客户、物联的全时全域宽窄带接入需求，建立全球移动通信应用服务系统，提供全球范围内接入和综合通信服务能力。

9.1.5　典型应用示范的意义

根据天地一体化信息网络建设的任务要求，开展典型应用示范工作的意义包括以下几点。

1．探索应用模式

天地一体化信息网络作为我国创新型基础信息设施，在应用层面上必须与用户应用系统进行深度结合，需要挖掘、研究各类用户的新应用需求与应用模式，引导用户用好网络。

2．建设关键系统

天地一体化信息网络研制建设过程中，在通用系统的基础上，结合各类用户实际应用，针对性地研制部署关键的应用服务功能、应用端以及用户侧应用信息系统，为形成完备的应用系统奠定良好基础。

3．评估建设效能

通过典型应用示范工作，在技术层面，对天地一体化信息网络的建设功能性能指标进行反馈评估；在效能层面对新构建的应用系统进行能力体系贡献评估；在发展层面对用户行业后续产业化发展、规模化应用进行综合评估。

4．培育系统用户

在天地一体化信息网络建设（或阶段建设）、关键技术、试验验证等任务完成后，部署的天地一体化系统必须要马上转入实际应用阶段，才能提高国家的投入产出效能，在天地一体化信息网络建设过程中要汲取"先建设，后找用户"的经验教训，采用"边建设边示范"的方式，同步培育第一批天地一体化信息网络系统的真实用户，小规模运行，体系化推广，分步骤拓展，做到建设、运营的无缝切换。

| 9.2 全球物联网应用 |

9.2.1 应用场景概述

物联网即物物相联的互联网，有两层含义：一是物联网的核心和基础仍然是互联网，是在互联网基础上延伸和扩展的网络；二是用户端延伸和扩展到了物品与物品之间，按约定的协议进行信息交换和通信。

目前物联网主要基于地面移动通信网，以小带宽、低功率、远距离、海量连接为特点的低功率广域网络（Low Power Wide Area Network，LPWAN）快速兴起，比较有代表性的体制包括窄带物联网（Narrow Band Internet of Things，NB-IoT）和 LoRa。

由于地面基站覆盖面积有限，在一些大范围、跨地域、恶劣环境等应用领域，例如远洋船舶、集装箱监控、航空管理等应用场景，由于空间、环境等方面的限制，地面物联网无法提供有效覆盖。卫星通信网络覆盖面积大，对地形和距离不敏感，不受地理环境、气候条件和事件的限制，其常态化、无缝覆盖的特点弥补了地面网络的短板。尤其随着低轨卫星星座的发展，基于卫星网络的天基物联网逐渐登上历史舞台并发挥独特的作用。

天基物联是天地一体化信息网络的重要业务之一，能充分发挥天地一体化信息网络低轨部分全球覆盖、高仰角服务、低链路损耗等优点，为海洋、山区、林地等特殊场景的物联网设备提供传输通道，并在地面信息港实现解析、分发和信息综合服务。

9.2.2 行业应用现状

1. 国外天基物联网现状

国外已经建成了多个提供物联网服务的低轨卫星通信系统，其中比较有代表性的包括 Inmarsat、铱星下一代系统（Iridium Next）、轨道通信（Orbcomm）和高级研究与全球观测卫星（ARGOS）等系统。

Inmarsat LoRaWAN（LoRa Wide Area Network）是世界上首个全球天基物联网。它将物联网解决方案应用于全球的各大行业，对收集的特定数据进行分析处理，从而创造用户需要的数据价值。

美国铱星下一代系统空间段由 66 颗卫星组成，分布在 6 个轨道面内，轨道高度 780km，星间链路速率 25Mbit/s，该星座设计组成一个全球覆盖的 L 频段蜂窝小区群，保证全球任何地区在任意时刻至少有 1 颗卫星覆盖。铱星下一代系统搭载有专用于物联网的载荷 SBD（Short Burst Data），工作于 L 频段，10.5MHz 频带内按 FDMA 划分为 12 个子频带，在此基础上采用 TDMA 方式，设置 90ms 帧长，每帧支持 4 个 50kbit/s 的用户连接。

美国 Orbcomm 系统主要基于其公司自有的窄带数据通信低轨卫星星座 OG1、OG2，并代理了部分海事 M2M 物联网数据服务，第一代星座 OG1 于 1997 年投入使用，第二代星座 OG2 于 2015 年完成发射部署。Orbcomm 空间段由 36 颗卫星组成，用户链路工作在 VHF 频段，信号受雨雪影响小，上行链路 2.4kbit/s，下行链路 4.8kbit/s。卫星之间没有星间链路，采用存储转发模式工作，系统内所有通信需经过地面信关站。Orbcomm 系统已广泛应用于交通运输、油气田、水利、环保、资源探勘、工业物联网等领域。

Argos 系统由法国和美国联合建立，该系统利用低轨卫星传送各种环境监测数据，并对测量仪器的运载体进行定位，为高纬度地区的水文、气象监测仪器提供了一种很好的通信手段。Argos 系统在全球大洋中每隔 300km 布放一个由卫星跟踪的剖面漂流浮标，总计 300 个，组成一个庞大的 Argos 全球海洋实时观测网。Argos 系统的应用领域包括气候变化监测、海洋与气象监测、生物多样性保护、水资源监控、海上资源管理和保护等。

2. 国内天基物联网现状

国内现有可提供物联网服务的天基系统，已经实现在轨运行的主要有北斗系统和天通系统。

北斗卫星导航系统是我国自主建设、独立运行的卫星导航系统，目前北斗三代系统已完成组网并提供全球服务。北斗系统创新融合了导航和通信服务，与其他卫星导航系统相比，RDSS 短报文服务是其主要特色之一。终端可直接通过卫星转发短报文实现点对点、点对多点、下属监收等服务，具有全天候、跨地域等能力。已经广泛应用于地质监测、水文监测、远洋渔业等领域，提供导航定位和通信保障。其中，海洋渔船系统是基于北斗短报文典型应用的一种。该系统由北斗卫星导航系统、北斗运营服务中心、岸上监控台站、船载终端 4 个主要部分构成，系统不仅能够为渔船提供自主导航、遇险求救、航海通告、海况、鱼汛等，还能为渔业管理部门提供渔船船位监控、紧急救援指挥等管理手段。

天通一号卫星移动通信系统 2017 年开通运行。01 星配置 109 个点波束，以及 2 个海域波束，覆盖国土及周边地区，提供全天候、全天时的移动通信服务，支持语音、短消息、数据业务。02 星于 2020 年 11 月发射，03 星于 2021 年 1 月发射成功，分别部署于 01 星东西两侧，扩大容量和覆盖范围，形成对国土及周边、中东、非洲等地区、"一带一路"地区以及太平洋、印度洋大部分海域的覆盖。目前天通系统物联网应用支持位置跟踪和 SOS 定位告警等应用，技术体制上支持系统短消息方式和专用物联网体制两种方式。系统短消息方式目前正在使用，该方式建链时间长，占用系统资源多，容量受限。专用物联网体制方式正在调试中，即将投入运行。

北斗、天通系统目前在一些特定行业，已经实现了一定的应用，但是在未来支持行业化、产业化规模应用上，北斗、天通在设备大小、功耗、成本以及带宽等方面还存在一定的短板。

9.2.3　典型应用场景

天地一体化信息网络的物联网服务具有丰富的应用场景，可广泛应用于全球集装箱多式联运物流追踪、地质灾害监测、大田农机作业质量和生长环境监测、水文监测、油气管线监测、输电线路监测等应用场景。

1．全球集装箱多式联运物流追踪

多式联运指由两种及其以上的交通工具相互衔接、转运共同完成的运输过程，例如公路转铁路、公路转水运等。多式联运的货物主要为集装箱货物，具有集装箱运输的特点。国际多式联运特指按照国际多式联运合同，以至少两种不同的运输方式，由多式联运经营人把货物从一国境内接管地点运至另一国境内指定交付地点的货物运输。

2019 年全球集装箱货运量约 2 亿 TEU（Twenty-feet Equivalent Unit），增速为 5%，其中，60% 为远洋市场业务，而新增货运量 1000 万 TEU 中至少 50% 来自近海和内陆市场。以集装箱为载体的多式联运作为国家交通物流发展战略重要组成部分，对于降低物流成本具有重要作用。

全球化的时代，实时掌握资产货物在整个供应链的状态，是一个企业非常重要的竞争优势，对于商业成功至关重要。但集装箱作为运输载具，具有活动空间范围大、移动性强、位置不确定等特点，其移动和分布范围覆盖全球所有的陆地、海路运输航线，传统地基通信网络和静止轨道卫星缺乏对陆路运输偏远地区、水路运输深远海航路的有效覆盖。多式联运经营人及承运人为实现对集装箱位置的实时追踪，以及对冷链运输集装箱的状态信息实时监控，目前只能采用船舶 VSAT 组网传输、北斗短报文等方式，在网络覆盖范围、实时性、通信速率等方面还存在较大差距。

基于天地一体化信息网络的全球覆盖能力，采集集装箱智能终端的数据，通过天地一体化信息网络传输汇总到多式联运综合应用服务平台，数据通过清洗、汇总以及大数据挖掘分析后，通过互联网、政务外网或专网为用户提供直观的供应链管理服务或通过信息共享分发子系统传输至多式联运相关承运单位及监管部门业务系统。

全球集装箱联网多式联运由集装箱终端、业务应用与分发网络、综合应用与服务平台组成。终端负责收集和发送集装箱位置信息和状态信息（包括集装箱内部温/湿度、压力、加速度、空间姿态、门控状态等信息）。这些信息通过天地一体化信息网络低轨接入物联网传递到地面信息港，然后经地面信息港转发至综合应用与服务平台。综合应用与服务平台按照规定的数据格式对卫星信息、状态信息进行格式化处理和分析。其中定位信息与服务平台的电子地图进行匹配，可在地图中实时显示集装箱位置，同时对状态信息与数据库中预设的正常状态参数进行匹配，一旦发现异常问题，及时向用户发布预警报告，从而尽可能地提高集装箱运输的安全性。最后通过业务应用与分发网络将信息共享分发至多式联运相关承运单位及监管部门业务系统，基于天地一体化信息网络的全球集装箱多式联运流程如图 9-1 所示。

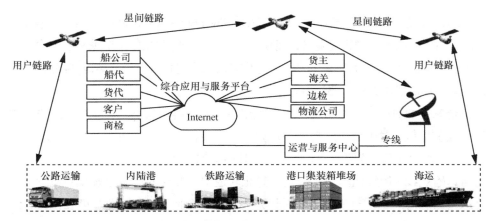

图 9-1　基于天地一体化信息网络的全球集装箱多式联运流程

2. 偏远山区地质灾害监测

地质灾害是指在自然或人为因素作用下形成的，对人类生命财产、环境造成破坏和损失的地质作用，如地震、火山、崩塌、滑坡、泥石流、地裂缝、地面沉降塌陷、水土流失、土地荒漠化等。我国地处环太平洋地震带，山地河流众多、地质灾害频发，尤其每年的汛期常发生山洪、泥石流等灾害。

物联网可以实时监测环境的不安全性情况，准实时预警、提前预防、及时采取应对措施，降低地质灾害对人类生命财产的威胁。利用物联网技术可以智能感知矿区、生产厂区、水利设施、公共场所等方面各项指标数据，为灾害的提前预警和灾后的评估重建提供有力的信息支持。

我国在地质灾害的防灾减灾方面投入了大量人力、物力和财力，其中一项重要的举措是在灾害易发区域布设了大量的监测传感器，而传感器信息的实时回传是当前的关键难点。由于传感器往往布设在偏远的山区，地形条件复杂，往往不易布设地面移动通信网络；尤其在地质灾害发生后，地面网络往往容易被破坏，导致大量传感器信息无法及时回传为救灾提供决策。

天地一体化信息网络的全域覆盖特点不受地形限制，相比于铺设地面通信网络具有明显的成本和效益优势，可为大量地质监测传感器提供信息实时回传服务，保障灾害发生前有效监测，在灾害发生中及时报警，在灾害发生后协助救灾。

| 9.3　应急救灾保障应用 |

9.3.1　应用场景概述

我国是世界上灾害最为严重的国家之一，突发事件易发多发，生产安全事故总量仍然偏大。当前，应急通信网络主要利用地面公网、公用应急通信网、有限的卫星通信等应急通信保障力量开展应急通信保障工作，而一体化应急通信在灾害监测预警和救援方面的作用发挥不充分。

面对严峻复杂的自然灾害和生产安全形势，应急救灾保障应用针对应急用户在自然灾害和安全生产事故灾难的应急通信、信息支援，以及监测、预警、评估、恢复重建等灾害管理需求，依托天地一体化信息网络的天基大容量中继、宽窄带通信结合、相控阵波束捷变扫描的优势，在灾害前完成监测预警、气象观测信息回传，救灾过程中保障应急通信。

应急救灾保障典型应用场景包括应急通遥一体化应用、森林/草原火灾应急救灾保障应用、矿山安全监测预警应用、气象灾害应急连续业务保障应用等。

9.3.2　行业应用现状

1. 国外应急救灾保障应用现状

美国联邦紧急事务管理署（Federal Emergency Management Agency，FEMA）围绕减灾、应急准备、应急反应和灾后恢复重建等核心工作，大力推进应急管理技术支撑的研究与建设。1998 年 11 月 FEMA 公布了 IT 架构 1.0 版，其建议主要包括高性能和高可用性的交换骨干网，通过现代压缩技术和带宽共享提高网络效率，集成音/视频和数据通信服务，均衡使用公共交换和 VPN。经过多年发展，当前 FEMA 应急信息支持系统发展为国家灾害事件管理系统（National Incident Management System，NIMS），其中包括指挥系统、预测预警系统、资源管理系统、演练培训系统等。NIMS 在美国应急体系中起着关键作用，通过集群无线网、卫星通信等设施收集信息并加以分析观察，以起到预防在先、提前准备的作用。由于其警察、消防等部门都有各自的通信系统，自成体系，频率、媒介各不相同，在调度指挥时需要连接互通，网间连接设备加强了各系统之间的通信联系，使各种通信网的利用率提高，联系高效，指挥灵活，保证了在紧急状态下应急指挥调度的效率。应急运行调度中心通信指挥车设备完善，具有车载的自用无线集群系统、车载的办公系统、可与 Internet 连接的双套卫星系统。在应急指挥时，可以将平时各自独立使用的无线网（如警察、消防及其他各系统）互相连接，提高指挥的效率。

日本在灾害和突发公共事件应急管理的技术支撑建设过程中，逐步建立了完善的应急信息化基础设施。在突发公共事件应急信息化发展方面，日本政府从应急信息化基础设施抓起，建立覆盖全国、功能完善、技术先进的防灾通信网络。为了准确迅速地收集、处理、分析、传递有关灾害信息，更有效地实施灾害预防、灾害应急以及灾后重建，日本政府于 1996 年 5 月 11 日正式设立内阁信息中心，以 24h 全天候编制，负责迅速搜集与传达灾害相关的信息，并把防灾通信网络的建设作为一项重要任务，日本政府基本建立了现今发达、完善的防灾通信网络体系，包括以政府各职能部门为主，由固定通信线路（包括影像传输线路）、卫星通信线路和移动通信线路组成的"中央防灾无线网"，以全国消防机构为主的"消防防灾无线网"，以自治体防灾机构和当地居民为主的都道县府、市町村的"防灾行政无线网"，以及在应急过程中实现互联互通的防灾相互通信的无线网等。此外，还建立了各种专业类型的通信网，包括水防通信网、紧急联络通信网、警用通信网、防卫用通信网、海上保安用通信网以及气象用通信网等。

欧盟在 2000 年建成以应急管理技术支撑的 e-risk 系统。e-risk 系统基于卫星通信的网络基础架构，为其成员实现跨国、跨专业、跨警种、高效及时处理突发公共事件和自然灾害提供支持服务。在重大事故发生后，救援人员经常碰到通信系统被破坏、信道严重堵塞等情况，导致救援人员无法与指挥中心和专家小组及时联系。基于这种情况，e-risk 系统利用卫星通信和多种通信手段支持突发公共事件的管理。综合考虑救灾和处理突发紧急事件时间紧迫，救援单位利用"伽利略"卫星定位技术，结合地面指挥调度系统和地理信息系统，对事故现场进行精确定位，在最短的时间内到达事发现场，开展救援和处置工作。并且，应急管理通信系统集成了有线语音系统、无线语音系统、宽带卫星系统、数据网络系统、视频系统等，配合应急管理和处置调度软件，使指挥中心、相关联动单位、专家小组和现场救援人员快速取得联系，并在短时间内解决问题。欧盟 e-risk 系统在应急管理应用中包括突发事件发生前、发生中、发生后 3 个方面：在突发事件发生前，系统通过搜集和处理影像资料、图片、地理信息等，开展风险预防；在突发事件发生时，通过手机等设备发送来的现场资料、图片等，在救援小组、专家小组和指挥中心之间建立语音、图像、数据的同步链路，通过各部门的"协同作战"开展现场救援；在突发事件结束后，对突发事件的发生和处置进行分析和交流，并对有关数据库进行更新，制订新一轮预案。

2. 国内应急救灾保障应用现状

我国于 2018 年成立应急管理部，负责制订国家总体应急预案和安全生产类、自然灾害类专项预案，综合协调应急预案衔接工作，组织开展预案演练。按照分级负责的原则，指导自然灾害类应急救援；组织协调重大灾害应急救援工作，并按权限作出决定；承担国家应对特别重大灾害指挥部工作。与自然资源部、水利部、气象局、国家林业和草原局等有关部门建立统一的应急管理信息平台，建立监测预警和灾情报告制度，健全自然灾害信息资源获取和共享机制，依法统一发布灾情。负责森林和草原火情监测预警工作，发布森林和草原火险、火灾信息。开展多灾种和灾害综合监测预警，指导开展自然灾害综合风险评估。

按照我国应急管理信息化发展规划，应急通信总体要形成"两网络"，即全域覆盖的感知网络和应急通信网络。其中，全域覆盖的感知网络指通过物联感知、卫星感知、航空感知、视频感知、全民感知等途径，汇集各地、各部门感知信息，实现对自然灾害易发多发频发地区和高危行业领域全方位、立体化、无盲区动态监测，为多维度全面分析风险信息提供数据源的网络。应急通信网络指采用 5G、软件定义网络（Software Defined Network，SDN）、IPv6、专业数字集群（PDT）等技术，综合专网、互联网、宽窄带无线通信网、北斗卫星、通信卫星、无人机、单兵装备等手段，形成的全域覆盖、全程贯通、韧性抗毁的网络。

在当前"两网络"发展过程中，主要面临的挑战如下。

（1）全域覆盖的感知网络能力不足

目前，针对自然灾害易发多发频发地区和高危行业领域实现全方位、立体化、无盲区动态监测的感知网络技术分散，亟须建设具备物联网、卫星遥感、视频识别、移动互联等技术的全域覆盖的感知网络，为多维度全面分析风险信息提供数据源。

（2）在灾害监测预警方面，通遥一体化作用发挥不足，监测产品时效性偏低

灾害监测预警作为灾害防治的基础性工作，亟须充分发挥各类卫星数据优势，提升监测产品时效性，保障卫星遥感技术在灾害风险监测与预警方面作用的充分发挥。

（3）现有的卫星通信服务能力较弱

现有卫星通信存在稳定性差、容量小、携行机动能力不足等缺点，无法充分满足应急救援指挥时大带宽、高可靠、机动性的通信网络要求。

面临上述挑战，应利用天地一体化信息网络在天、空、地多层次互联互通的特殊优势，面向林草火灾、矿山安全、地质灾害监测预警和气象灾害应急连续业务保障等应用，建立具备全域感知、通遥一体、融合组网通信等能力的应急通信网络，提供全天候、全天时、高可靠、大通量的通信和信息服务，实现信息的实时共享和智能处理，提高风险监测预警、应急指挥保障、智能决策支持等应急管理能力，满足"广分布、组成网、联得上、随人走、不中断、听得见、看得清、能分析、早预警"的业务应用要求。

9.3.3 典型应用场景

天地一体化信息网络在应急救援方面可应用于应急通遥一体化、森林草原火灾应急救灾保障、矿山安全监测预警、气象灾害应急连续业务保障等应用场景。

1. 应急通遥一体化应用

目前我国现有的天地基通信、导航、遥感资源不能有效共享，各通信系统之间相互隔离，形成了大量"信息孤岛"。天基遥感数据获取过程中，仅能依靠遥感卫星自身的数据传输系统和国内少量几个地面站进行数据接收，导致传输分发时效性差。在灾害发生时，通信、导航、遥感方面的能力仅仅是减灾中的一个环节，孤立使用其中的某项能力并不能充分发挥减灾应用效能，需要将通信、导航、遥感构成一体化的应用体系，打通相关的应用链条，才能提升减灾领域的应急响应能力。在对外提供减灾保障的过程中，通导遥一体化显得更为重要。

天地一体化信息网络采用统一的网络架构和通信协议，通过星间组网、星地高速通信链路，为减灾等应用卫星提供网络化信息传输服务，并与地面固定、无线通信网以及地面信息港等地面信息基础设施深度融合，破除"信息孤岛"，具

备广域覆盖、实时获取、安全可控、随遇接入及按需服务的能力，可极大提升减灾信息的服务能力。

应急通遥一体化应用利用天地一体化信息网络的高轨、低轨和地面相互连接的网络，为减灾卫星星间动态通信提供支撑，使得星地一体自主规划与管控、星上处理数据分发成为可能。该应用示意图如图 9-2 所示。

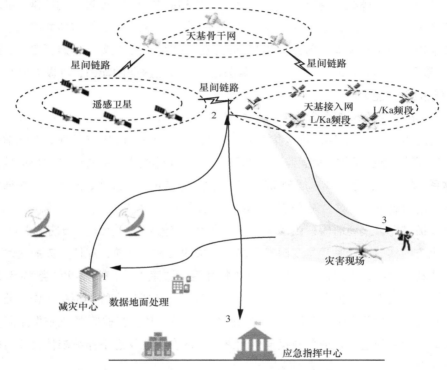

图 9-2 基于天地一体化信息网络的通遥一体应急监测示意图

根据用户的需求（如监测冬季森林易生火灾区域），遥控遥感卫星获取该区域的数据并星上在线实时处理后获得灾情信息。如果发现疑似火情，则遥感卫星自主开展任务规划，安排新的监测与识别任务。当遥感卫星对地面终端可见时，将获取的相关数据和灾情信息直接分发至地面终端；当遥感卫星对地面终端不可见时，则通过天地一体化信息网络，将星上实时处理生成的遥感数据和减灾信息通过高轨中继或低轨跳转分发至地面终端。

当地面有监测需求（如监测冬季森林易生火灾区域）时，由遥感卫星地面管控中心将任务指令发送给遥感卫星，同步将任务指令发送给天地一体化信息网络地面管控中心，遥感卫星自主规划任务实现对地观测。当遥感卫星对地面终端可见时，将星上在线实时处理后获得的相关数据和灾情信息直接分发至地面终端；当遥感卫星对地面终端不可见时，通过天地一体化信息网络地面管控中心将任务指令发送给高轨骨干或低轨接入通信卫星，通过天地一体化信息网络分发至地面终端。

利用天地一体化信息网络统一的网络架构和通信协议，通过星间组网、星地高速通信链路，为减灾等应用卫星提供网络化信息传输服务，并与地面固定、无线通信网以及数据信息港等地面信息基础设施深度融合，破除"信息孤岛"，具备广域覆盖、实时获取、安全可控、随遇接入及按需服务的能力，可极大提升减灾信息的服务能力。

2. 森林草原火灾应急救灾保障应用

经过 30 多年的发展，我国森林/草原防火管理体制和机制逐步完善，初步形成以卫星遥感、航空巡护、地面监测、地面巡护 4 种工作模式为主的森林/草原火情监测体系。然而，由于森林草场分布广，当前通信手段覆盖难度大，且现有卫星通信存在"南山效应"，对火灾的监测信息无法及时回传，当火灾发生时，地面通信手段极易被破坏，火场通信存在盲区，导致重大火灾仍存在严重的人员伤亡。森林/草原火灾的实时监测是尽早及时发现森林火情的关键。目前，森林火灾的实时监测主要利用地面人工巡护、瞭望塔、无人机和卫星遥感 4 个空间层次的监测手段。地面巡护人员驾驶巡检车（搭载 VSAT 卫星设备）完成周期性的巡护工作，监管和排查火源，发现火情及时汇报，并积极组织森林扑救。森林/草原火灾发生后，救援现场亟须快速搭建应急救援通信网络，保障在紧急状态下扑救森林火灾时的通信畅通。

基于上述需求，在林区重点区域部署环境监测终端，利用天地一体化信息网络实现监测信息、气象信息、遥感信息及时回传，应急救援指挥中心根据监测区域的环境状况、天气实况、遥感影像，利用天地一体化网络提供的应急通信网络指挥一线作业，提升火灾应急救灾保障能力。

（1）林草火灾监测

在林草火灾监测时，其通信网络如图 9-3 所示，有空—天—地、地—天—地、地—空—天—地、天—天—地 4 种通信网络类型。

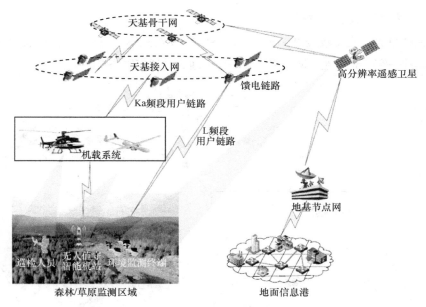

图 9-3 林草火灾监测通信网络

"空—天—地"通信网络：搭载机载通信终端的直升机、无人机在日常巡逻时，将采集的实时图像、视频以及地面单兵智能终端接入的数据、图像、视频、语音等数据通过天地一体化信息网络 Ka 频段、L 频段传输到天基接入网，再由天基接入网将数据通过 Ka 频段、L 频段传输到地面信息港。

"地—天—地"的通信网络：地面单兵智能终端采集的生命体征数据，低功耗环境监测基站采集的林草环境数据，无人值守智能基站采集的环境传感信息等以及汇集的无人机视频、图像数据，通过天地一体化信息网络 Ka 频段、L 频段传输到天基接入网，再由天基接入网将数据通过 Ka 频段、L 频段传输到地面信息港。

"地—空—天—地"的通信网络：地面单兵智能终端采集的数据、图像、视频等上传给直升机、无人机，并通过天地一体化信息网 Ka 频段、L 频段传输到天基接入网，再由天基接入网将数据通过 Ka 频段、L 频段传输到地面信息港。

"天—天—地"的通信网络：遥感卫星根据自主任务规划拍摄的影像数据及生成的火点信息产品通过天地一体化信息网络 Ka 频段传输到天基骨干网，再由天基骨干网将数据通过 Ka 频段传输到地面信息港。

（2）林草火灾应急救援

在林草火灾应急救援时，其通信网络如图 9-4 所示，有空—天—地、地—天—地、地—空—天—地、地—空、天—天—地 5 种通信网络类型。

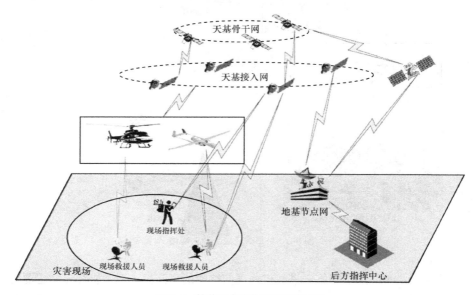

图 9-4　林草火灾应急救援通信网络

"空—天—地"的通信网络：当森林/草原发生火灾时，搭载机载通信终端的直升机/无人机将采集的实时图像、视频以及地面单兵智能终端上传的图像、视频等通过天地一体化信息网络 Ka 频段、L 频段传输给天基接入网，再由天基接入网通过 Ka 频段、L 频段将数据传输到后方指挥中心；后方指挥中心通过天地一体化信息网络 L 频段将信息、指令发送到天基接入网，再由天基接入网通过 L 频段将信息传输给机载系统，实现双向通信。

"地—天—地"的通信网络：地面单兵智能终端采集的火灾现场的视频、图像、气象等数据通过多网融合的背负式终端转发到天地一体化信息网络 Ka 频段传输到天基接入网，再由天基接入网通过 Ka 频段传输到后方指挥中心；后方指挥中心通过天地一体化信息网络 Ka 频段将音/视频信息发送到天基骨干网，再由天基骨干网通过 Ka 频段将信息传输给现场指挥中心，实现双向通信；现场指挥中心利用 Ka 频段将音/视频信息传输给天基接入网，再由天基接入网通过 L 频段将信息发送给单兵智能终端，实现双向通信。

"地—空—天—地"的通信网络：地面单兵智能终端采集的数据、图像、视频等上传给直升机、无人机，并通过天地一体化信息网络 Ka 频段、L 频段传输到天基接入网，再由天基接入网将数据通过 Ka 频段、L 频段传输到后方指挥中心。

"地—空"的通信网络：当地面单兵智能终端进入机载通信终端的接入范围时，直升机上人员可通过天地一体化信息网络的 L 频段与地面救援人员直接进行语音通信。

"天—天—地"的通信网络：遥感卫星根据自主任务规划拍摄的影像数据及生成的火灾范围数据通过天地一体化信息网络激光/微波链路传输到天基骨干网，再由天基骨干网将数据通过馈电链路传输到地基节点网与地面信息港。

随着天地一体化信息网络重大工程的实施，基于天空地网络的通信可克服环境制约因素，实现信息沟通顺畅、有效指挥，实现现场情况与后方指挥中心实时共享，保证在突发情况下无人机/直升机、地面人员与各级指挥中心的沟通联络、作业协同和情报传递。

3. 矿山安全监测预警应用

矿山安全监测预警分为露天矿、矿山附近边坡、尾矿库坝体等矿山地面监测预警和矿山井下监测预警两大类。矿山地面预警监测主要满足矿山边坡稳定性、坝体稳定性及周边地质环境等在生产灾害和自然次生产灾害条件下的安全在线监测预警需求，并提供实时高效的数据分析、安全评估等服务。此类地面矿山多集中在偏远地区，传统通信手段难以覆盖，通过天地一体化信息网络，将矿山企业接入安全生产信息系统，将安全生产监督相关的监控数据等传输给标准转换服务器，依次汇总到市级、省级、国家煤矿安全监察机构，对全国煤矿安全生产工作进行管理，大力提升了矿山安全监测预警能力。

利用天地一体化信息网络提供的天基物联、移动通信、宽带接入等服务，将北斗变形监测、崩塌监测、失稳监测、坡体内部岩体变形监测、微震监测、地下水监测、断面监测、地下应力及变形断面监测等多源物联传感终端连接，建立天地一体的矿山地面多源物联传感通信网络，提供矿山地面监测数据实时采集和大通量数据传输能力。通过多源物联传感网络将物联传感终端采集监测数据实时传输至安全监测云平台，实现对坡、坝体及周边地质脆弱区域实时监测。矿区安全监测预警应用场景示意图如图 9-5 所示。

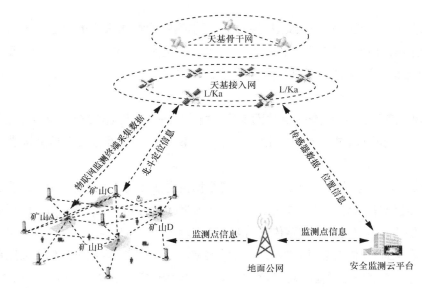

图9-5　矿区安全监测预警应用场景示意图

通过天地一体化信息网络，将矿山企业接入安全生产信息系统，将与安全生产监督相关的监控数据等传输给标准转换服务器，依次汇总到市、省、国家煤矿安全监察机构，对全国煤矿安全生产工作进行管理，大力提升了矿山安全监测预警能力。

4. 气象灾害应急连续业务保障应用

新中国成立以来，我国建起当今世界上规模最大、覆盖最全的"地—空—天"一体化自动化综合观测网和综合气象观测系统，但受国界跨境、地理偏远、地形复杂、经济发展和基础设施等条件限制，大规模气象数据采集、传输、分发和共享等支撑的气象信息应用，还存在不均衡、不连续、不可控、不闭环的气象数据传输盲区和死角。实现无处不在、全面覆盖的气象观测和气象数据传输是现代气象服务的基础保障，现有气象通信网络在满足常规气象业务需求的情况下，仍然面临保障大规模天地协同数据传输的挑战。通过天地一体化信息网络提供移动通信服务和宽带接入服务，实现大容量气象观测信息回传、航空/航海目标监视信息回传及气象防灾救灾行动的通信保障，可大大提升气象灾害应急能力及气象服务保障能力。

气象灾害应急连续业务保障及数据发布服务具有全局性、战略性、综合性、超前性等特征，要求预警服务做到"主动、准确、及时、科学、高效"，利用新一代信息技术建立智能化、智慧化的决策服务系统是实现该目标的重要途径。需要涵盖实时监测、预警预报、预警发布、产品服务等业务环节。

面向气象的天地一体化信息网络是由空天地各种卫星网络、甚高频通信网络、移动通信网络、地面专用网络所组成的复杂混合网络（如图 9-6 所示）。气象网络服务基于气象信息网络为各级气象部门、行业客户、公众用户等按需提供相应的数据接入、处理、存储、分析及共享等服务，系统组成包括卫星系统、卫星地面信关站、地面台站、气象专用网、地面通用网、各级气象部门及行业用户等。

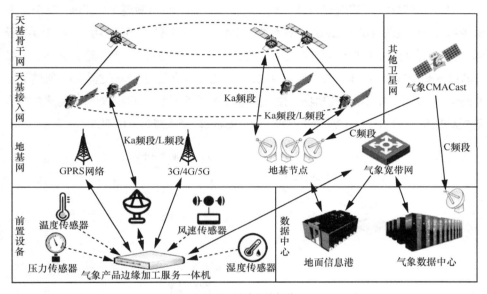

图 9-6　系统总体架构

通过天地一体化信息网络提供移动通信服务和宽带接入服务，实现大容量气象观测信息回传、航空/航海目标监视信息回传及气象防灾救灾行动的通信保障，可大大提升气象灾害应急能力及气象服务保障能力。

| 9.4　天基中继与管控 |

9.4.1　应用场景概述

受地球曲率和电磁波直线传播的影响，使用地基站点对中低轨航天器进行遥测遥控和卫星数据接收的覆盖范围很小，单个地基站点和一颗低地球轨道卫星每天可直接建立通信传输链路的轨道段不到整个轨道时间段的 3%，效率极低。若通过增加地表上测控站点的方式来解决，例如对 300km 高度的低轨道航天器达到 100%的测控覆盖，理论上需要在全球地表上均匀布设 100 多个站点，这在地缘政治、建设成本上都是不可行的。为此，航天科学家开始在体系结构和工作方式上发生根本转变，提出了中继卫星系统的概念。

中继卫星系统是利用地球同步卫星和地面终端站，对中低轨道飞行器进行高覆盖率测控和数据中继的卫星通信系统，具有数据中继和跟踪测控两方面的功能，如图 9-7 所示。理论上，利用 3 颗地球同步轨道的中继卫星，就可实现对中、低轨道航天器绝大部分轨道的测控覆盖。相比一般的通信卫星，中继卫星有高动态、高码速率和高轨道覆盖率的优势，能够从根本上解决地基测控通信覆盖率低的问题，同时还能解决高速数据传输和多航天目标测控通信等技术难题，具有极高的经济效益和应用前景。

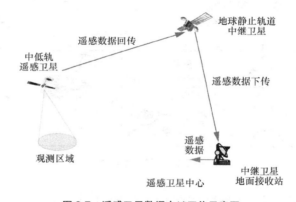

图 9-7 遥感卫星数据中继回传示意图

随着国家综合国力的不断增强，我国航天事业蓬勃发展，2018 年全球航天发射次数达 114 次，其中我国占了 39 次。根据《国家民用空间基础设施中长期发展规划（2015—2025）》，我国还将发射约 120 颗卫星，其中中低轨对地遥感卫星约占 70 颗，再加上载人航天、探月工程、深空探测等国家战略性航天工程的逐步深入实施，对中继卫星系统的数据中继与天基管控的业务需求将更加广泛，未来存在巨大的市场空间。

天地一体化信息网络的各个天基骨干节点之间将由全激光链路实现 Gbit/s 量级的通信速率的互联互通，天基骨干节点与地面站之间由激光/微波链路互联，实现 5～20Gbit/s 的星地通信速率，这些设计具备对中低轨航天器数据中继与天基测控全覆盖服务能力。

9.4.2　行业应用现状

中继卫星系统作为天基测控和数据中继系统的重要组成部分，受到了美欧俄等国家和地区的高度重视。

1. 国外中继卫星系统现状

美国中继卫星系统包含军、民两个领域，分别是军用卫星数据系统（Satellite Data System，SDS）和民用跟踪与数据中继卫星系统（Tracking and Data Relay Satellite System，TDRSS）。SDS 是美国空军和国家侦察局研制并运行的军用数据中继卫星，主要为国家侦察局的成像侦察卫星提供数据中继服务，目前已经发展到了第三代。该星座采用地球同步轨道与大椭圆轨道卫星联合组网，其中 3 颗地球同步轨道卫星分别部署于印度洋、太平洋、大西洋，基本覆盖全球中低纬度，另外 2 颗卫星运行在大椭圆轨道，轨道倾角 63°，远地点位于北极上空约 39000km，为高纬度部队特别是核力量提供双向近实时指挥、控制、超高频通信服务。民用 TDRSS 的发展经历三代，是目前在轨应用广泛、规模大、系统功能强大的中继卫星星座，其第三代中继卫星系统于 2010 年开始建设，同时启动了地面段升级计划。

俄罗斯中继卫星系统的发展研究始于 1982 年，先后发射并使用了三代。中继 2009 年，俄罗斯开始第三代民用中继卫星（代号"射线"，英文 Luch）的研制。目前，3 颗卫星已完成在轨测试，组成中继星座，为礼炮号国际空间站、和平号国际空间站、联盟号系列载人飞船及中低轨卫星等用户提供测控和数据中继服务。与前两代相比，第三代系统星间链路除保留原有 Ku 频段和 UHF 频段外，新增加了 S 频段。星载的两副抛物面天线分别工作在 Ku 和 S 频段。Ku 和 S 频段链路最大传输速率分别为 150Mbit/s 和 5Mbit/s。此外，为了提高俄罗斯 GLONASS 卫星导航系统的定位精度，第三代 Luch 中继卫星增加了接收 GLONASS 卫星信号并发送差分修正信号的载荷。而且 Luch-5 还具备天气预报数据中继能力，在此基础上，Luch-5B 另装有激光通信载荷。俄罗斯的军事数据中继卫星系统称为"急流"（Potok），使用的卫星平台称为"喷泉"，卫星天线采用 C 频段的相控阵天线技术。

欧洲中继卫星系统"高级中继和技术卫星"（代号 Artemis）从 1989 年开始研制，于 2001 年 7 月发射，主要装载 S/Ka 频段数据中继和光学数据中继（Optic Data Relay，ODR）有效载荷。Artemis 主要用于验证星间微波和光通信技术，并为欧洲货运飞船

（如 ATV）和国际空间站交会对接、对地观测卫星、极轨平台及其他科学卫星提供数据中继业务。此外，Artemis 还装有 GPS 导航信号增强和 L 频段移动通信载荷。

2. 国内中继卫星系统现状

我国已建立了覆盖全球的"第一代中继系统"，正在建设"第二代中继系统"。2008 年 4 月，我国"第一代中继系统"01 星成功发射并在轨稳定运行，实现了我国的卫星测控从陆、海平台向太空的跨越。此后 2011 年 7 月发射升空的"第一代中继系统"02 星、2012 年 7 月发射升空的"第一代中继系统"03 星与之前的 01 星完成全球组网，使我国成为继美国之后第二个实现中继卫星全球组网覆盖的国家，对中低轨道航天器的测控覆盖率接近 100%。2016 年 11 月，"第一代中继系统"04 星成功发射，为"天宫二号"空间站、"神舟"系列飞船、中低轨道卫星及其他航天器提供数据中继和天基管控服务。"第二代中继系统"是我国第二代数据中继卫星系统，主要为飞船、空间技术实验室、空间站等载人航天器提供数据中继和测控服务，为中、低轨道遥感、测绘、气象等卫星提供数据中继和测控服务，为航天器发射提供测控支持。"第二代中继系统"01 星已于 2019 年 3 月发射，标志着我国数据中继卫星系统能力再次大幅提升。

随着航天技术与信息技术的快速发展，特别是以高时空分辨率、高光谱分辨率为主要特征的对地遥感观测卫星以及成千上万颗的低轨宽带通信卫星的发射部署，对数据中继卫星的数据传输与天基管控需求急剧增加，对数据中继卫星的能力也提出了越来越高的要求。

9.4.3　天基信息中继

由于地面接收站主要分布在我国境内，而低轨卫星每天仅有约 1/3 的圈数从我国境内上空经过，每次过境时间约为十几分钟。这就使得低轨卫星只有在经过我国境内上空时才能与地面站建立通信链路，获取的海量数据必须在几分钟内通过微波链路全部下传至地面站，从而导致卫星载荷获取的数据必须首先存储在卫星上，再经过几十分钟甚至数小时的时延，直到卫星经过我国境内地面站时才能传送。并且，绝大多数的民/商用低轨卫星优先满足国内对地遥感观测任务的需要，只有在国内为夜晚时间或者气象条件差而不满足卫星遥感观测条件时，卫星上存储的遥感数据才能不会因星上存储能力有限而被覆盖，得以下传到地面站。因此，低轨卫星普遍存在卫星获取数据量巨大、星上存储能力有限、地面接收站分布范围小、数据回传时延大、微波链路速率较低等问题，严重制约了低轨卫星应用效能的发挥，成为低轨卫星应用发展的瓶颈。

采用地球同步轨道卫星对低轨卫星获取的遥感观测数据进行中继回传的方式，可以在不增加地面站建设的情况下，将低轨卫星获取的数据及时回传到地面，显著降低数据回传的时延，有效解决当前低轨卫星所面临的数据回传难题，摆脱星上存储能力有限、数据回传时延大、全球遥感数据获取周期长等困境，大大提高低轨卫星的使用效能。

随着空间用户对中继应用需求的不断扩大，特别是低轨星座的蓬勃发展，对数据中继的接入用户数量、时延等有了更高的要求。后续，天地一体化信息网络将探索利用接入网星座，对更低轨道的用户（如 500km 以下的卫星、空间站、临近空间飞行器等），通过激光与微波的链路进行中继服务。

9.4.4　天基管控

长期以来，我国航天器测控主要采用的是陆基+海基测控方式，并建成了陆/海基 C 频段测控网、S 频段统一测控网、S 频段遥测系统和一系列的卫星数据接收站和数据处理中心。随着载人航天任务的实施以及航天发射任务频次的增加，对轨道测控覆盖率的要求逐步提高，导致地基测控系统已不能满足运载火箭和卫星测控任务的需求。

目前的天基测控系统主要分为两类：一类是利用部署在地球同步轨道的中继卫星系统，另一类是利用卫星导航定位系统，包括美国的全球定位系统（GPS）、俄罗斯的格洛纳斯卫星导航系统（GLONASS）、欧盟的伽利略卫星导航系统（GSNS）和我国的北斗卫星导航系统，可为航天器提供高精度定位、授时和测速服务。利用卫星导航定位系统进行天基测控只是一种测量手段，并不构成完整的测控系统。

利用天地一体化网络的天基骨干网地球同步轨道卫星对中低轨航天器进行高覆盖率的管控，从根本上解决了地基测控覆盖率低、需要全球建设地面站的问题，同时还解决了多目标测运控通信等技术难题。

在利用天基骨干网高轨卫星系统进行天基管控时，需要地面测运控站或同步轨道节点配备多条独立的上、下行信道，即提供多址能力，以实现对多颗星座卫星的同时跟踪、测量与控制，可以采用直接序列扩频（DSSS）的码分多址（CDMA）测控体制，并在星上采用多址天线技术有效解决测控多目标同时工作以及链路需求量大的问题。资源的有效分配与调度、星间链路的动态捕获跟踪、用户数据的实时分发是必然涉及的关键性技术。

1. 资源的有效分配与调度

当多个用户共同使用骨干网高轨卫星资源时,其请求服务时段可能会发生重叠,此时就出现了资源冲突,导致某些用户的使用要求无法得到满足。为了更加合理有效地利用中继卫星资源,最大限度地提高卫星系统的管控业务能力和服务效率,必须制定合适的资源分配原则与策略,实现卫星资源的有效分配与调度。资源分配原则一般按照用户目标的优先级设定。

2. 星间链路的动态捕获跟踪

传统陆/海基测控方式中,测控链路只发生在飞行器与测控站或测量船之间,飞行器多采用宽波束天线,只需测控站或测量船单向捕获、跟踪飞行器信号,即可执行测控任务。而骨干网卫星管控包括飞行器—管控星—地面终端站链路,涉及 Ka/S 双频段转发、双向窄波束跟踪、链路状态信息交互等内容,链路捕获困难。

3. 用户数据的实时转发

骨干网高轨卫星系统对于用户数据流而言是透明传输通道,不对用户数据进行任何处理,不负责用户航天器自身的控制,用户数据加密/解密由用户自行完成。中继卫星管理部门接收到由用户生成的前向数据后,根据标志实时向地面站传送,进行编码、调制并发送至中继卫星。地面站接收返向数据后,对数据进行必要的标注后,实时向卫星管理部门传输。卫星管理部门根据数据的标志,分类转发至对应的用户。

中低轨卫星、运载火箭、空间站等各类用户和服务,对天基管控系统支持能力应用在轨道覆盖率、测控目标数量和任务复杂度、测控距离以及经济成本控制上提出了更高的要求。

| 9.5 航空网络服务 |

9.5.1 应用场景概述

航空领域包括航空制造业、军用航空和民用航空三大部分,本节主要围绕天地一体化信息网络在民用航空中的应用展开论述。民用航空包括与人民生活息息相关的各种航空活动，分为运输航空和通用航空两大部分。运输航空是当今世界主要的交通运输方式之一，又可分为航空客运和航空货运两种业务内容。通用航空主要指运营企业或个人驾驶小型航空器从事各种航空活动，例如农用播种、空中摄影、飞行员飞行学习、私人飞机等，此外还包括各类民用无人机应用。

民用航空作为战略性基础产业，仍具有广阔的市场空间和旺盛的市场需求。我国民航运输自改革开放以来，一直保持着两位数的高速稳定增长，2019 年我国民航全年旅客吞吐量超过 13 亿人次，完成飞机起降 1166 万架次，目前民航行业规模已稳居世界第二，是名副其实的民航大国，我国已具备从民航大国向民航强国跨越的发展基础。

民航运行天然具有飞行高度高、运行环境杂、全球化运营等特征，长期以来民航飞机的通信、导航和监视主要依靠地面网络。通信方面，采用高频和甚高频通信，前者传播距离远但信号质量差，后者信号质量好但只能视距传播，二者的传输速率都很低；导航方面，采用甚高频全向信标和无方向性信标，限制运输飞机只能沿地面固定导航站方向飞行；监视方面，采用雷达和广播式自动相关监视，监视范围有限。民航地面网络需沿航路密集布站，建设成本高，且无法有效覆盖包括洋区、极地、山区在内的广阔民航运行区域。

卫星网络具有高、远的特性，可以有效弥补地面网络在覆盖性方面的不足，遗憾的是现有卫星网络在覆盖范围和服务性能等方面还不能完全满足民航高效安全运行的要求，突出表现在航空器全球实时追踪、民航飞机驾驶舱及客舱信息化、航空公司运行监控等方面。当前民航业迫切需要全球覆盖、安全可信的天地一体化信息网络提升通信、导航、监视能力，并对各类民航信息系统进行有效整合，以保障航空安全、提升运营效率、提高旅客服务满意程度。

9.5.2 行业应用现状

1. 国外应用现状

（1）海事卫星系统航空应用

海事卫星系统由国际海事卫星组织（Inmarsat）负责运营，集全球海上常规通信、陆地应急遇险、航空安全通信、特殊与战备通信于一体的静止同步轨道卫星通信系统。

海事卫星推出了新一代卫星通信技术 SBB（Swift Broadband），提供 SBB 业务和 SBB 安全业务，提供最快 432kbit/s 传输带宽。其中，SBB 安全业务，还可通过独立于飞机主要系统的内置跟踪功能，在紧急情况下由飞行员或地面触发提供最长 1s 间隔的遇险状态通知，最大限度保障航空器飞行安全。

在高通量卫星通信应用方面，Inmarsat Ka 频段宽带卫星是目前唯一的全球区域覆盖的 Ka 频段卫星资源，其 GX Aviation 服务提供可靠、无缝、高速全球覆盖的机上互联解决方案。

（2）铱星系统航空应用

铱星移动通信系统是美国铱星公司于 1987 年提出的第一代卫星移动通信星座系统。2005 年，铱星公司启动了"铱星"二代系统（即 Iridium Next）的部署。2017 年 1 月到 2019 年 1 月，75 颗"铱星"二代卫星节点分 8 次成功部署。

下一代铱星系统与现有设备兼容，目标是提供高速数据传输服务、高质量语音服务，并搭载了广播式自动相关监视（ADS-B）载荷，可以提供全球覆盖的航空器独立监测服务。

2. 国内应用现状

（1）北斗系统航空应用

"北斗"是中国自主发展、独立运行的全球卫星导航系统，既有卫星无线电导航服务（RNSS）无源定位功能，又具有卫星无线电定位服务（RDSS）的短报文通信功能。

中国民用航空局于 2017 年 7 月发布的《中国民航航空器追踪监控体系建设实施路线图》中，明确指出"建成中国民航航空器追踪监控体系，实现对中国民航航空器全球运行持续监控、安全管理与应急处置。推动以'北斗'为代表的国产装备在民航的应用，积极推进自主知识产权技术和标准在国际上的应用与引领"。

我国"北斗"系统于 2017 年被国际民航组织（Internation Civil Aviation Organization，ICAO）接纳为 SBAS 星基增强系统，并于 2018 年年底启动全球服务。"北斗"系统的定位、短报文和授时功能已应用于机场场面监视、通用航空器的监视和定位等领域。我国北斗设备制造商正在与中国国际航空公司开展合作，在运输类飞机平台上开展基于北斗导航和短报文的航空器全球追踪示范应用。

（2）中星十六系统航空应用

中星十六号（实践十三号）是我国首颗高通量 Ka 频段通信卫星，通信总容量达 20Gbit/s，覆盖我国绝大部分国土和东南沿海。

中星十六宽带卫星通信系统，为民机提供空地高速数据传输服务，支持航空器健康管理与维护、乘客宽带上网以及航空器全球追踪等航空应用，可提供上行 5Mbit/s、下行 50Mbit/s 的宽带卫星数据传输。国内已实现基于中星十六的民机宽带通信应用演示验证。

9.5.3 典型应用场景

1. 航空器全球追踪应用

航空器全球追踪应用指空中交通服务单位或航空承运人按标准的时间间隔，针对每架飞行中的航空器在地面记录并更新航空器经度、纬度、高度、时刻等信息。该应用既是民航安全运行的必然要求，又是提高运输效率的基本保障。国际民用航空组织将"通过航空网络实现基于航迹互联互通的运行"定为全球空中航行系统的长期演进目标，实现这一目标的首要条件是有效的航空器全球追踪应用。

对于在我国航路地区运营的民航运输类航空器，目前主要采用陆基的航空器追踪手段，例如一次雷达、二次雷达、陆基 ADS-B、甚高频通信等，此外基于北斗短报文的航空器位置追踪也在逐步推广；通用飞机和无人机主要在陆地及近海空域运行，由于其飞行高度低，除以上手段外还可以利用地面移动通信网等方式实现追踪。而对于偏远地区及越洋航线的民航运输类飞机，传统高频通信方式信号差、速率低，其航空器追踪效果远不如海事卫星、铱星等卫星系统，我国尚不具备自主航空器全球追踪能力。

天地一体化信息网络可实现有效的航空器全球追踪应用。依托全球覆盖的通信和星基 ADS-B 监视能力，实时获得航空器位置信息，并在地面信息港与外部引接的各类航迹数据融合，以信息服务等形式提供给各类用户，一方面通过地面网络提供给空管部门、航空公司、飞机制造商等地面用户单位，另一方面通过天基网络向空域中的航空器发布，实现空地协同运行决策。天地一体化信息网络低轨卫星低时延的特性，可以将当前民航分钟级的管制运行控制能力提高到秒级，有助于进一步提高空域容量和运行效率。

2. 民航飞机信息化应用

近年来，以移动通信、大数据、人工智能为代表的信息技术突飞猛进，为各行各业提供了丰富多彩的信息化应用，也改变了人民群众的生活习惯和生活方式。民用航空既是高科技行业，又是主要的交通运输方式，机组和乘客越来越不满足于传统"信息孤岛"的飞行方式，亟须可靠、宽带、实时的天地一体化信息网络带动"互联飞机"信息化应用，如图 9-8 所示，包括驾驶舱和客舱信息化应用。

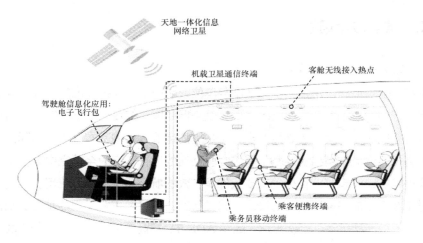

图 9-8　民航飞机信息化应用示意图

（1）驾驶舱信息化应用

目前，飞机驾驶舱一般只与地面空管部门和航空公司建立例行语音和数据链通信，受限于通信带宽等因素，只能为飞行机组提供执行航班任务的基本飞行情报，无法传输航路气象、周边态势等实时飞行情报。因此，航空公司一般在飞机起飞前，通过地面网络将当前时刻的飞行情报加载到飞机信息系统。在飞行过程中，飞行机组需要结合飞机仪表参数进行手动计算和判断，工作负担较重。

通过天地一体化信息网络全球覆盖的宽带接入服务，可实现飞行情报的实时全空域共享，结合机载自动化信息处理功能，可大大降低飞行机组的工作负荷并提高飞行效率。

以航路气象为例，高空航路前方飞机探测到的气象信息，可实时回传至地面空管气象中心，经过与地面气象雷达等多源气象信息融合生成实时气象情报，再通过天地一体化信息网络分发至航路后方的飞机，并在驾驶舱显示。如图 9-9 所示，飞行机组据此可清楚地识别危险气象条件，并结合航空器全球追踪应用，选择最优航路进行规避，保证航班安全和平稳运行，带给乘客舒适的飞行体验，提高燃油效率并减少排放，有助于航空公司高运营效率，改善准点率并减少延误。

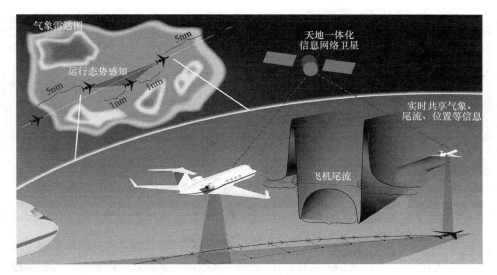

图 9-9 基于运行态势感知的最优航线选择

（2）客舱信息化应用

为乘客提供优质的空中服务是客舱信息化应用的永恒主题。客舱信息化应用面向乘务员和乘客，与驾驶舱相比，其适航安全等级较低，可以采用更多新兴互联网技术，结合天地一体化信息网络的宽带互联服务，满足乘客多样的定制化需求。

乘务员应用方面，当前受限于空地互联能力，航空公司地面旅客信息管理系统与飞机客舱管理系统脱节，乘务员需要在飞机起飞前将乘客及其用餐习惯等信息记录到纸上，无法接收后续乘客信息变更。通过天地一体化信息网络，实现乘客信息在机上客舱管理系统的实时更新，乘客信息实时更新示意图如图 9-10 所示，乘务员据此可准确了解乘客习惯，提高精细化服务能力和效率。

乘客应用方面，当前飞机配置的客舱娱乐系统主要采用本地存储方式，为乘客提供电影、音乐、游戏等离线娱乐节目，且相关内容更新较慢、时效性低。通过天地一体化信息网络，一方面机上娱乐系统可实时接收地面实况节目，通过椅背屏或吊挂显示器播放；另一方面乘客可采用手机、笔记本计算机等便携式电子设备，接入地面互联网，为乘客工作、生活、娱乐提供了极大的便利。

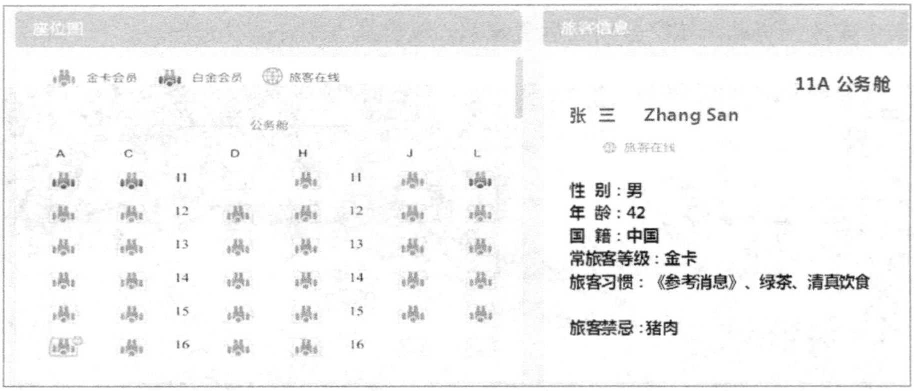

图 9-10　乘客信息实时更新示意图

3．物流无人机信息应用

无人机物流是物流行业向自动化、智能化发展的典型代表之一，指主要使用无人机的技术方案，为实现实体物品从供应地向接收地的流通而进行规划、实施和控制的过程。物流无人机是实施无人机物流的运载航空器。

物流无人机种类繁多，按平台类型可分为固定翼、直升机、多旋翼、垂直起降固定翼、无人飞艇等；按重量大小可分为小型、中型、大型多个级别，重量从数百克至数千千克不等；按使用定位可分为干线机、支线机和末端机。缤纷多样的类型也使物流无人机具有丰富的应用场景，可广泛应用于城市之间、偏远山区、城市商务区、应急救灾等场合，通过有效利用低空资源避免了传统陆地运输的拥堵和道路限制，具有良好的降本增效作用。

近年来，无人机飞速发展的过程中产生了系列社会问题，全球多地出现了无人机干扰民航运输飞机的案例，除了对无人机的监管外，行业逐渐认识到物流无人机必须融入民航网络才能实现其效率的最大化。此外，物流无人机采用自主飞行和远程操控相结合的运行模式，正常运行时需要与地面物流信息系统和控制中心有效协同以提高物流周转效率，异常情况需要控制中心及时发现并人工远程操控避险，这些都对通信的覆盖范围、可靠性、时延和带宽提出了很高的要求。

无人机的传统通信链路以视距通信为主，包括地面移动通信、甚高频通信等，有限的通信距离制约了物流无人机的飞行高度和跨区域运行能力，并且其通信带宽和可靠性方面存在不足。

物流无人机信息网络如图 9-11 所示，天地一体化信息网络可作为物流无人机通信的有效补充和关键备份，为物流无人机提供遥测、遥控和信息传输，满足运输任务时的远程控制、订单管理、实时监测、应急处理等应用需求。天地一体化信息网络全球覆盖的通信能力可以保障物流无人机的跨区域自由运行，低轨卫星低时延、低损耗、高仰角的特性大大提高了远程操控能力，并且使机载终端天线进一步小型化，将大大降低终端成本、提高有效载重、改善气动外形，最终表现为运输效率的提高和收益的增长。

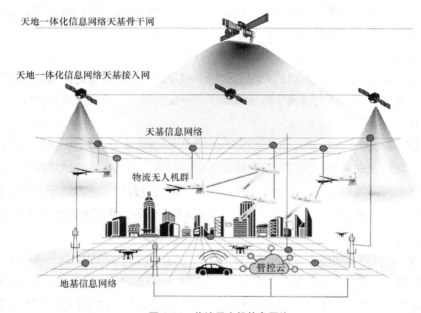

图 9-11　物流无人机信息网络

| 9.6　海洋信息应用 |

9.6.1　应用场景概述

我国的大陆海岸线长达 18400km，拥有岛屿约 6500 个，岛岸线约 14000km，沿海地区作为经济发达地区，聚集了全国 60%以上的经济总量和 40%以上的人口。我国是世界上海洋灾害最频发、受海洋破坏程度最严重的国家之一，每年发生的各类海洋灾害对沿海经济和社会发展造成了巨大的损失，对人民生命财产安全造成了严重的威胁。因此，为合理开发海洋资源、保护海洋环境、减轻海洋灾害，利用各种先进的科学技术和手段，及时获取、处理和分析海洋环境的信息数据，建立和完善海洋观测体系，是我国乃至世界沿海各国面对的一项必要而且十分紧迫的任务。

由于海洋环境的特殊性，海上远程通信、高速实时数据传输手段已成为制约海洋信息化建设的主要技术瓶颈。而卫星通信由于运行稳定、干扰少、组网灵活、通信成本与距离无关、可提供不受地理环境限制的广域覆盖等优点，被认为是最有效的海上通信与数据传输手段。

长期以来，我国主要通过 Inmarsat（国际海事卫星系统）、Iridium（铱星）系统以及国内北斗卫星导航系统的短报文业务来满足我国海上通信的需求，在海洋环境监测、应急救援、防灾减灾、渔业管理、目标监控和数据采集应用等方面发挥了重要作用。

目前，全球范围的海洋竞争日趋激烈，以争夺海域战略资源和空间为特征的"蓝色圈地"运动正在兴起，我国周边海域安全形势严峻，尤其南海区域地缘关系错综复杂，国家海洋战略利益面临巨大挑战。因此，建设具备自主能力的全球卫星通信系统，全面提升我国海上信息通信能力，对建设海洋强国、维护国家海洋战略利益，具有重要意义。

天地一体化信息网络采用"天网地网"体系架构，由天基骨干网、天基接入网、地基节点网互联，提供全球宽带互联网接入、全球个人移动通信，以及航空/航海目标监视、频谱监测、数据采集回传等信息服务，在海洋强国战略实施中将发挥重要作用。

9.6.2　行业应用现状

为合理开发利用海洋资源、保护海洋生态环境、降低海洋灾害损失，利用各种先进的技术手段，建立和完善海洋观测体系，及时获取、处理和分析海洋环境的信息数据，是世界沿海各国面临的一项必要而又紧迫的任务。

1. 国外海洋观测系统

海洋立体监测网络，以美国国家海洋和大气管理局（NOAA）国家数据浮标中心（NDBC）管理的海洋观测网最具有代表性。该网由 90 个浮标和 60 个自动观测站组成，其中海上观测平台主要采用 Argos 卫星通信方式进行观测数据传输；岸站自动观测系统使用的是 NOAA 的地球同步运行环境卫星（GOES），GOES 不能覆盖的一些地区观测站，使用的是 NOAA 的极轨环境卫星（POES）或日本的地球同步气象卫星（GMS）传输观测数据。

　　荷兰"波浪骑士"测波浮标采用甚高频（VHF）通信方式传输观测数据；国际 ARGO 计划中使用的绝大部分自持式剖面循环探测漂流浮标（即 ARGO 浮标）采用 Argos 卫星通信方式传输观测数据；国外志愿船测报系统一般采用 Argos 卫星和海事卫星传输观测数据。

　　2. 我国海洋观测系统

　　我国海洋观测系统已经历了 50 多年的建设历程，先后建成了一大批海洋观测站，发展了浮标等多种海上观测技术。特别是通过国家防灾减灾、节能减排专项建设任务的实施，以及国家 863 计划重大专项的建设，全面提升了我国海洋环境观测能力。如今已初步形成了以地面专线、卫星通信、CDMA/GPRS 等为主要通信手段的海洋观测数据传输网。

　　目前，我国在海上布放的 3m、10m 圆盘形锚系浮标、实时传输潜标主要利用海事卫星和"北斗"卫星传输观测数据，自持式剖面循环探测漂流浮标（即 ARGO 浮标）和表面漂流浮标利用 Argos 卫星和"北斗"卫星传输观测数据，志愿船观测系统采用海事卫星 C 站（远海志愿船）和 CDMA/GPRS（近海志愿船）传输观测数据；远离大陆的海岛站和平台站采用 VSAT 小站或海事卫星 C 站传输观测数据。

　　目前我国可用于数据通信的卫星系统主要有 VSAT、国际海事卫星系统（Inmarsat）、Argos 系统（极轨卫星系统）、铱星（Iridium）系统、全球星（Globalstar）系统、轨道通信（ORBCOMM）系统、ICO 系统、"北斗"系统、中卫 1 号星（OMNITRACS）和风云系列卫星等。

　　"北斗"系统通信费用低廉，通信稳定性、可靠性和安全性较好，但在通信频度、传输速率、传输容量以及用户设备的功耗、耐腐蚀性、耐压性和水密性方面，还需要进一步开展相关技术的研究和开发，以满足我国海洋观测系统数据传输的要求。

9.6.3　全球海上航行通信保障

　　近年来，随着我国对外贸易增长、海事活动日趋频繁和海洋经济迅猛发展，布局自主可控的覆盖全球（包含北极）的全球卫星通信系统已成为我国"一带一路"建设、海洋发展战略需要重点破解的重大短板之一。

我国海上通信保障尚处在较低层次的应用阶段，只能满足海事活动的必要业务通信需求。远海航行船只的通信保障、搜救只能依赖国外的卫星通信系统，价格高昂，受制于人。现阶段国内可用的卫星通信系统，没有一种通信方式，可以实现包括两极在内全海洋覆盖，并确保流畅的宽带接入和较低的设备成本和使用资费。此外，现有各种通信系统之间相互孤立，缺乏统一的协调管理机制，不能保障整个海洋通信系统合理、高效地运行。我国要成为海洋强国，建设"海上丝绸之路"，需尽快构建自主可控的全球卫星通信网络极其匹配的设备和应用系统。

天地一体化信息网络综合了低轨、高轨、宽带、窄带网络各自的体制优点，可作为一种集成海洋通信系统。全球海上航行通信保障应用方案拟开发一套综合海上卫星通信系统，具体内容包括如下内容。

1. 研制低轨 Ka 频段宽带船载动中通设备

不同于传统静止轨道动中通天线，单个机械式的天线无法满足低轨 Ka 频段卫星的跟踪和接收能力，一方面需采用最新的相控阵天线技术，研制船载动中通天线单元；另一方面可以研制低成本双抛物面船载终端，实现 Ka 频段低轨卫星通信的跨星切换问题。

2. 研制 L 频段窄带卫星通信系统

该系统通过低轨接入星座的 L 频段通信链路，提供窄带移动数据传输和语音服务。

3. 研制船载网络综合管理交换系统

包括链路管理、路由交换和无线热点服务。对船载的通信设备和网络进行综合统筹管理，根据不同业务的安全等级，接入优先级，带宽要求，设备工作状态、链路质量、流量成本等要素自适应地为上层各类应用服务提供最佳通信手段。

4. 示范部署

选择极地科考船、海上能源运输与勘探船舶等典型行业用户，示范部署天地一体化通信终端，实现语音、数据和多媒体信息传输，提供全球海上遇险与安全信息发布、定位导航、船舶自动识别和交通信息广播等典型海上通信服务，并通过与船上科考、勘探等设备接入，为用户提供远程设备故障监控诊断、远程科研办公，以及海员的日常生活网信保障等服务。

9.6.4　海上应急搜救通信保障

海上应急搜救通信保障目前主要依靠无线电应急示位标（Emergency Position Indicating Radio Beacon，EPIRB）、AIS 应急示位标以及基于北斗所开发的示位标。无线电应急示位标装置内部由电源供电模块、主控制模块、GPS 接收模块、信号发射模块、信号接收模块组成。漂浮体采用 406MHz 卫星通信频段发射报警信息，内部集成与主控模块相连的信号发射与接收模块，接收模块接收附近船员便携子信标发射的 UHF 频段信号确定附近船员数量及位置信息，信号发射模块采用 VHF 频段无线发射求救信号。AIS 应急示位标用于船舶搜救定位，开启后自动发射本船的识别码和位置信息，周围船舶及搜救飞机收到该特殊信息后，可以很快确定遇险船舶的位置，缩短搜救时间，对遇险船舶进行搜救。基于北斗开发的示位标，主要利用北斗的定位、短报文全球通信服务，通过北斗短报文，将落水人员位置信息及时发往管理中心。

天地一体化信息网络建成后，具备全球实时覆盖的 L 频段窄带通信能力，为船舶和个人提供可靠的远距离传送。为此，海上应急搜救通信保障主要进行基于低轨窄带通信的示位标、手持卫星移动通信终端、机载宽带动中通等设备研制，建设低轨遇险报警任务控制中心、搜救指挥辅助平台。

借助于天地一体化信息网络，遇险人员可通过示位标主动启动或在落水时自启动，高频次的发射求救信号和当前位置至遇险报警任务中心，搜救指挥辅助平台接收求救信号后，第一时间协调组织救援，并根据需要在遇险人员与搜救直升机、船舶救援队伍之间建立直接通信链路，提高救援效率。搜救队伍可通过机载低轨动中通、船载低轨动中通，利用宽带通信链路、将现场环境、人员状况，以视频或图像方式回传至搜救指挥平台，供救援专家掌握现场真实情况，提供保障支持。

基于天地一体化信息网络的搜救应急服务更具有优势。

- 实时性更高，系统完全建成后，提供近实时的数据接入能力，支持用户高频度实时重发，可满足非常紧急情况的高性能快速定位报告。
- 搜救效益更高，天地一体化信息网络星座可同时提供多种通信途径，包括 AIS 数据采集、区域广播、窄带通信、宽带通信，因此基于该网络建成的搜救与应急服务系统，可同时满足各类应用的通信需求，如虚警校验、伤情信息传递、险情定向广播、重大搜救事件的现场多媒体指挥等。

- 应用终端小型化更容易，天地一体化信息网络使用 L 频段，有利于应用终端天线尺寸的小型化。而第二代搜救信标为 406MHz 的 UHF 频段，一般天线尺寸较大。

- 通信方式多元化，可以综合利用 L 频段窄带进行遇险求救、人员定位的通信优势，同时又可以利用 Ka 频段宽带通信方式，将救援现场情况、遇险人员健康等信息以视频图像方式实时回传，救援中心根据情况，及时提供决策支持、后勤医疗保障，提高救援效率和成功率。

| 9.7　极地通信保障服务 |

9.7.1　应用场景概述

极地地区指地球的两极，即南极和北极。北极地区，指北纬 66°34′（北极圈）以北的广大区域，以北冰洋为中心，周围濒临亚洲、欧洲、北美洲三大洲，包括北冰洋、边缘陆地海岸带及岛屿、北极苔原和最外侧的泰加林带，总面积约 2100 万平方千米，其中陆地部分占 800 万平方千米。北极常年平均气温−8℃以下（最低可达−70℃），平均风速 10m/s；南极地区，指南纬 66°34′（南极圈）以南的区域，以南极洲为中心，周围濒临太平洋、大西洋、印度洋三大洋，南极大陆被冰雪覆盖，周围岛屿星罗棋布，面积共约 1400 万平方千米，南极点附近的平均气温为−49℃，寒极时可达−80℃，南极的狂风常常超过 12 级台风，风速达 32.6m/s。

极地地理位置特殊、自然资源丰富、科考价值突出，对世界政治军事经济格局影响重大，是世界强国的战略必争要地，也是我国国家安全和国家利益拓展的重要方向。极地地区是我国的重要战略要点和国家利益的重要体现，尤其近年来我国越来越紧迫地开展与极地相关的事务，维护我国在南北两极的国家利益。2014 年 11 月，国家主席习近平在澳大利亚总理陪同下参观南极科考项目并慰问两国科考人员，指出："中方愿意继续同澳方及国际社会一道，更好认识南极、保护南极、利用南极"。2015 年 7 月新的《国家安全法》将外层空间、国际海底区域和极地纳入"国家战略新疆域"，更是将探索和和平利用极地上升到国家安全的高度。2017 年 1 月，习近平主席在联合国日内瓦总部发表题为《共同构建人类命运共同体》的主旨演讲，指出"要秉持和平、主权、普惠、共治原则，把深海、极地外空、互联网等领域打造成各方合作的新疆域"。2017 年 5 月，《中国的南极事业》白皮书指出："中国是南极全球治理机制的维护者、参与者和建设者"。2018 年 1 月，国务院《中国的北极政策》指出："中国愿与各方共建'冰上丝绸之路'"。

目前，在国家极地战略、海洋强国战略的指引下，北极航道、南极科考等工作持续开展，但是受限于极地纬度高、环境恶劣等自然因素，一直以来，通信保障是制约极地发展的根本难题。

9.7.2　行业应用现状

极地通信保障服务，以地基通信和卫星通信为主。其中地基通信方式包括短波通信、超短波通信；卫星通信方式包括 GEO、LEO、HEO 等，但在极地地区，上述通信方式的可用性面临着众多技术挑战（见表 9-1）。

表 9-1　极地地区通信的可用性与技术挑战

通信方式	通信特征	通信区域（纬度）的可用性			主要挑战
		>80°	70°~80°	<70°	
短波通信	安全信息、语音通信	可用，通信能力受制约	可用，通信能力受制约	可用，通信能力受制约	信道环境威胁大，通信容量有限
超短波通信	视距通信、低数据率通信	可短距离船船通信，缺乏与岸基通信能力	可短距离船船通信，少数区域可与岸基通信	近岸区域具备与岸通信能力	受岸基站制约，缺乏远距离通信能力
GEO 卫星通信	较好的通信容量	不可用	可用性与通信质量受限	基本可用	无法覆盖较高纬度区
LEO 卫星通信	较好的通信容量	可用性与星座相关	可用性与星座相关	可用性与星座相关	要形成连续的近极轨星座
HEO 卫星通信	较好的通信容量	有好的北极地区通信覆盖、通信容量和通信质量，但现无可用的公共通信卫星系统			极区信道环境有影响

从表 9-1 可以看出，适于较高纬度极地地区（70°～80°）潜在的通信方式有短波通信、超短波通信、LEO 卫星通信及 HEO 卫星通信，这些通信方式还面临着诸如通信信道传播环境、有效通信距离、通信区域覆盖、通信数据容量、可用通信时间等不同因素制约。以下以短波通信和卫星通信系统为主，简要说明极地通信保

障应用现状。

1. 极地短波通信应用现状

以西欧（英国）、美国和俄罗斯为代表的环北极国家（地区）长期致力于北极地区短波通信技术研究，构建了众多的北半球中纬及中纬槽区、（跨）极光椭圆区和极盖区的短波通信试验链路，链路长度均在一跳距离以内（小于 4000km）。基于这些试验链路观测数据，利用窄带和宽带通信信号，开展了包括多普勒展宽、多径展宽、方向扩展、时延扩展、传播时间、哈希函数、信噪比等短波信道传播特性研究，还开展了短波通信信道的预报建模、数值模拟、射线追踪等技术研究，取得了系列研究成果。

西班牙自 2003 年构建了一条在其国内至西南极半岛短波通信试验链路，链路长度约 12700km。该链路采用四跳传播模式，跨越北半球中纬区、赤道异常区、南半球中纬区及中纬槽区。基于该试验系统，分别采用窄带和宽带信号、直序（DSSS）和正交频分复用（OFDM）扩频技术以及不同长度序列编码技术，对信道可用性、多径展宽、多普勒展宽、多普勒频移、传播时延、散射函数、信噪比、误码率等信道传播特性进行了研究。

北极地区超远距离短波通信面临的主要挑战是通信信道环境威胁和通信容量限制，围绕这两个方面，国际社会开展了有效的技术探索。

（1）针对北半球中纬槽区、极光椭圆区、极盖区等典型短波通信信道区域，构建了众多的通信信道试验链路，并利用不同通信信号频率、不同信号调制方式、不同信号编码形式等对北极地区短波通信信道可用性和传播效应等特性进行深入分析研究，进而完善和发展北极地区短波通信信道参数模式，提升北极地区短波通信信道环境的预测能力。

（2）传统的单入单出（SISO）短波通信系统的通信容量有限，已难以满足急剧增长的用户通信容量需求，包括多入多出（MIMO）、单入多出（SIMO）、多入单出（MISO）等新型短波通信系统技术得到了迅速发展，其实质是增加了短波通信链路，进而提升了通信容量。

2. 极地卫星通信应用现状

由于 GEO 卫星通信系统在高纬度地区（80°以上），覆盖能力有限，因此，极地卫星通信以低轨卫星星座覆盖为主，典型系统是美国的铱星系统，66 颗卫星可以覆盖全球，满足极地日常通信需求。

铱星系统，是世界上第一个低轨全球卫星移动通信系统，卫星轨道采用极地轨道，每颗卫星提供 48 个点波束，星间链路使用 Ka 频段，用户链路采用 L 频段，可为极地用户提供移动通信及低速（128kbit/s）数据服务。

3．我国极地通信保障现状

现阶段国内可用的卫星通信系统，尚无一种通信方式可以实现两极全覆盖，并确保流畅的宽带接入和较低的设备成本以及使用资费。此外，现有各种通信系统之间相互孤立，缺乏统一的协调管理机制，不能保障两极通信系统合理、高效地运行，还未形成有效的极地通信保障能力。在交通运输方面，目前船舶航行主要依靠海事系统和铱星进行日常通信及数据传输，但考察船在纬度 75°以上区域基本无信号覆盖，只能采用铱星进行基本通信，实际使用效果较差，经常出现信号中断情况。在两极科考方面，南极已建立 5 个南极考察站（其中罗斯海新站在建），希望实现观测数据的实时回传，中国南极昆仑站天文台建设面临大数据量的通信回传问题，目前地面考察站及考察人员主要依靠海事卫星、铱星和 IntelSat 进行日常通信及数据传输，缺乏自主可控的天基宽带通信保障。

综上，目前国内两极卫星通信网络主要问题体现在以下 3 个方面。

（1）覆盖能力不足。

（2）可用带宽较低。

（3）主要依靠国外卫星系统，受制于人且费用昂贵。

以上因素成为制约我国"冰上丝绸之路"发展的根本难题，两极地区作为我国的重要战略要点和国家利益的体现，对两极通信与数据实时回传需求迫切。天地一体化信息网络按照"天基组网、天地互联、全球服务"的思路，建成"全球覆盖、随遇接入、按需服务、安全可信"的网络，可为两极地区提供安全、有效、可靠的通信保障服务。

9.7.3　北极航道通信保障

北极航道位于欧洲、亚洲和北美洲之间，连接着太平洋与大西洋，是全球海上航行重要的便捷通道，包括东北航道、西北航道和中央航道。东北航道是欧洲连接东亚的最短航线，可缩短三分之一航程，目前东北航道已开展常态化商业航行，但北极地区的气候、水文和航道等通航环境资料缺乏，加之北极地区通航经验不足，没有必要的航运基础设施，使得北极地区的航行十分危险。

目前，北极航道沿岸码头少，通信基站建设较为落后，沿线无手机信号，无航标及灯塔指示，无海岸电台设施，我国也没有针对北极航道的短波通信系统，且北极航道部分区域海事卫星信号未覆盖，航行船舶航行警告、遇险报警、船岸间有效通信难以得到保障。低轨道卫星星座的铱星通信系统作为北极东北航道航行必备的通信手段，其带宽、传输速率、通信质量和安全性都难以满足北极航道安全航行的需求。

为保障北极航道环境保护、资源利用、航道开发等领域的活动，通过天地一体化信息网络为北极航道的"冰上丝绸之路"提供全方位通信技术服务。主要解决以下两大难题。

1. 高纬度地区自主可控通信

基于当前北极东北航道船舶航行的实际情况，利用天地一体化信息网络实现全球时空连续通信、高可靠通信、高机动通信，实现极地航行船舶与国内及时、可靠的联系。

2. 高频次大容量数据实时传输

对于北极航道周边海域环境的感知，国内外相关机构普遍利用空间基础设施开展对北极航道的观测研究，例如利用 AIS 卫星采集船舶动态数据，利用高分辨率遥感卫星采集海冰及船舶影像数据等，其中利用卫星遥感数据开展研究是最为主流的方式。但是存在的主要问题是卫星遥感监测结果难以及时向航行船只传达，现有通信手段难以保证信息的及时传输。因此，通过天地一体化信息网络可及时将卫星遥感数据处理后的结果以及有关预测预警信息有效地传输到北极海域航行船舶端，为船舶安全航行提供信息保障。

9.7.4 南极科考通信保障

目前南极科学考察（简称科考）及站点建设工程（如图 9-12 所示）的通信保障，主要依靠国外的海事卫星系统、铱星系统及 IntelSat 系统等，不能做到自主可控、安全可信；同时随着科考站点及观测数据种类的增多，亟须宽带大容量的观测数据实时回传，对卫星系统提出了更高的要求。南极科考站点通信保障统计见表 9-2。

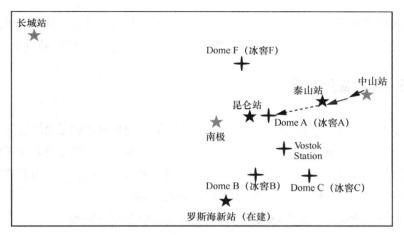

图 9-12　南极科考站分布示意图

表 9-2　南极科考站点通信保障统计

序号	科考站点	经纬度	已有通信保障	天地一体化网络需求
1	长城站	62°12′59″S 58°57′52″W	租用 IntelSat 卫星资源（3MH 转发器），数据在德国法兰克福落地，地面人员利用铱星电话进行日常通信	1. 宽带接入（Ka 频段）：100Mbit/s 2. 极地物联网（L 频段）：上行 2.4kbit/s，下行 64kbit/s 3. 极地移动通信通信（L 频段）：移动语音 4. 连续常态日常通信
2	中山站	69°22′24″S 76°22′40″E	租用 IntelSat 卫星资源（3MH 转发器），数据在北京落地，地面人员利用铱星电话进行日常通信	
3	昆仑站	80°25′01″S 77°06′58″E	拟采用海事 5 代印度洋 39 号波束	
4	泰山站	73°51′S 76°58′E	租用 IntelSat 卫星资源，地面人员利用铱星电话进行日常通信	
5	罗斯海新站	—	—	

天地一体化信息网络主要从通信业务保障、通信设施终端保障等方面解决南极科考站的正常运行及数据的实时回传。

1．极地通信业务保障

利用天地一体化低轨卫星星座对极地进行全覆盖，实现宽带科考数据、科考图像数据、天文观测数据、远程监视控制信息、科考团队远程会商信息、科考人员语音通信等业务。

2．通信设施终端保障

极地地区自然环境恶劣（年平均气温约-60℃，极大风速 43.6m/s），对各类通信终端的环境适应性要求极高，主要包括抗风设计、抗低温设计、抗盐雾设计、节能设计等，终端的形式有固定终端、船载终端、机载终端、手持终端、物联网终端等。

9.7.5　综合应用方案

由于两极地理位置的特殊性，单纯依靠高轨同步卫星难以满足极地通信需求。天地一体化信息网络采用"天网地网、天地互联"体系结构，通过高轨骨干网、低轨接入网、地基节点网的综合利用，实现全球通信覆盖。因此，拟采用天基接入网+天基骨干网综合服务模式，为两极提供通信保障服务。

天地一体化网络极地信息保障综合解决方案有以下两条基本途径。

方案一是采用近极轨低轨星座的保障模式，如图 9-13 所示。极地用户终端接入可见的卫星，通过同轨及异轨星间链，选择我国国内信关站可见的节点卫星，建立通信路由。这种保障模式需要天地一体化网络必须建成全球覆盖的近极轨卫星星座（多轨道面），并具有同轨及异轨道面之间的星间链。

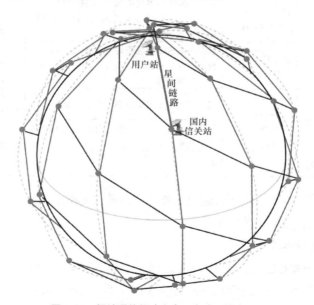

图 9-13　极地通信保障方案示意图（模式一）

方案二是采用高轨骨干网+近极轨接入网的保障模式，如图 9-14 所示。极地用户终端接入可见的接入网卫星，通过同轨星间链及高低轨星间链，通过国土可视的高轨馈电链路回境内落地。这种通信模式需要全球覆盖的骨干网卫星建设完成，但接入网仅需完成近极轨-轨卫星即可提供极地连续服务，同时需要建立接入网与骨干网之间的高低轨星间链路。

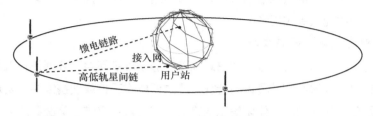

图 9-14　极地通信保障示意图（模式二）

| 9.8　信息普惠服务 |

9.8.1　应用场景概述

近年来，国家提出精准脱贫、乡村振兴、偏远地区信息化等一系列惠民要求，以大力推进社会经济发展与优化升级，其中就包括信息普惠。

信息普惠要实现涉及广大民众利益的各类信息的顺畅传递，联合政府相关部门、电信运营商、信息服务商等，研制信息普惠应用服务系统，充分发挥信息效能，消除部分有人海岛、无人海岛、边境、偏远山区、部分"一带一路"区域等人员极度分散的信息孤岛，使民众普遍受益，提高民众幸福感。

面向国家脱贫攻坚、偏远地区信息化建设、海外商业拓展，示范"信息孤岛"通联、渔民普惠、海外企业与国内通联等信息服务能力。

9.8.2　行业应用现状

我国陆地上通信网络比较发达，但"一带一路"沿线地区、新疆、内蒙古、西藏、云南、沿海地区的部分有人海岛、无人海岛等地存在众多偏远、人员极度分散的信息孤岛，地面常规通信方式不易覆盖，驻外企业或当地民众日常无法与外界通信，通信手段匮乏。

9.8.3 典型应用场景

天地一体化信息网络在信息普惠方面可应用于"信息孤岛"通联、渔民普惠、海外企业与国内通联等应用场景。

1. "信息孤岛"通联应用

为了解决林、草、岛、边等"信息孤岛"通信难等问题，开展信息孤岛通联应用示范，利用卫星通信广域覆盖的特征，通过低成本手持或便携终端，实现语音及低速数据服务，验证天地一体化信息网络的广域覆盖和窄带通信服务能力。

信息孤岛通联应用场景示意图如图 9-15 所示，人员配备多模手持终端，通过低轨 L 频段天基接入节点接入天地一体化信息网络，可实现人员在无地面公网服务区域的通联；在规模较大的边防哨所配备便携终端，通过高轨 Ka 频段天基骨干节点接入天地一体化信息网络，可实现宽带信息业务。

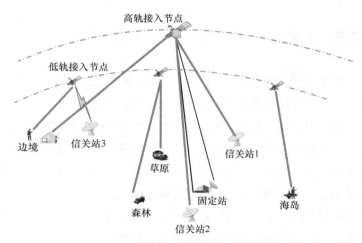

图 9-15 信息孤岛通联应用场景示意图

"信息孤岛"通联示范应用系统由天基骨干节点、天基接入节点、地基节点、地面用户终端组成。系统配备手持终端、便携站，可为人员提供有效的通信及宽带生活保障，系统组成如图 9-16 所示。

基于天地一体化信息网络提供移动通信服务和宽带接入服务，实现边、草、林、岛等传统信号难以覆盖区域的宽带接入及语音服务，可为相关人员提供生活通信保障。

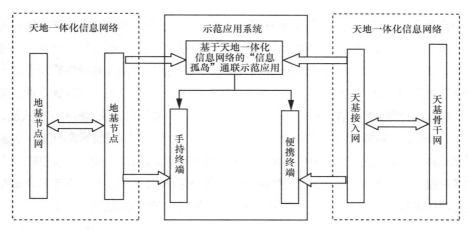

图 9-16　基于天地一体化信息网络的信息孤岛通联示范系统组成

2. 渔民普惠应用

为解决远洋渔业涉海数据资源少、信息采集能力弱、信息传输能力弱、采集传输成本高、综合业务服务能力弱的问题，开展渔民普惠典型示范（如图 9-17 所示），通过海洋物联网传感器及船载终端，实现渔场中各种海洋环境要素的在线监测及向渔民传输渔业信息，示范验证天地一体化信息网络的天基物联能力和宽带通信能力，解决海上渔船与渔民的通信需求，拓展"天地一体化"在惠民服务的应用。

图 9-17　渔民普惠应用场景示意图

渔民普惠服务系统组成如图 9-18 所示。在感知层，深海渔场利用物联网技术实现养殖场环境的实时监测，渔民、渔船利用手机及其他终端进行感知与交互。在网络层，将采集的数据通过通信卫星传送到地面接收站点，再由互联网传输到海洋水产大数据服务平台。在平台层，建设海洋水产大数据服务平台，进行海洋大数据的集成、存储与计算处理。在应用服务层，建设统一应用支撑平台，依据政府工作人员、渔民、养殖户、沿海居民、游客等终端用户的需求，为公众提供海洋和陆地适用的惠民信息移动终端应用服务，为养殖企业提供养殖水环境实时监测、分析、预警的海上牧场养殖综合服务，为水产企业提供深海渔场水产品养殖、加工、流通环节的质量安全追溯应用服务以及水产品、生产资料供给等领域的电子商务应用服务体系。

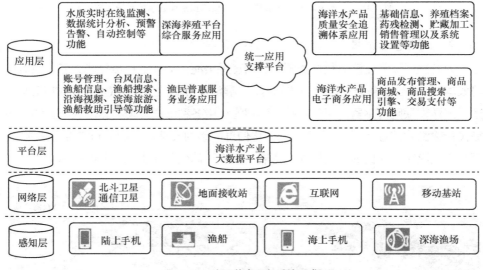

图 9-18　渔民普惠服务系统组成

基于天地一体化信息网络，集成北斗/GPS 卫星导航系统、互联网、移动通信网络、地理信息系统以及深海渔场内部的物联网系统为支持，可利用异构网络平台融合构建深远海水产养殖平台物联网系统，形成覆盖天、地、海的立体化、大区域的一体化通信网络，实现养殖平台数据的采集和高效传输及数据汇聚、处理和分发，促进养殖主体户与电商平台、消费者对接，促进渔业供给侧改革。

3. 海外企业与国内通联应用

与国内通联应用场景（如图 9-19 所示）满足所有海外企业用户与国内保持常态

化通联的需求，可提供宽带安全通信业务，以及实现国内外不落地数据传输。通过配置固定、便携卫星通信终端，为海外企业用户提供与国内进行常态化业务数据回传的通信手段，以星地宽带数据链路及星间链路为基础，支持语音、宽带数据、视频等业务的不落地传输。

卫星通信网络可提供高低轨 Ka 频段宽带安全接入服务能力，通过 Ka 频段固定卫星站，可满足海外企业用户与国内常态化的宽带通信业务传输需求。

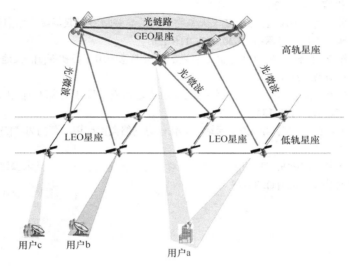

图 9-19　与国内通联应用场景

基于高轨节点的不落地数据传输国内通联信息流程为：语音、视频等数据经高轨国外节点，通过国土节点，再到地面节点，最终到达国内用户中心。

基于低轨接入节点的跨境不落地宽带通联的信息流程为：语音、视频等数据通过可视低轨节点接入，经同/异轨星间链，再到境内地面节点，最终到达国内用户中心。

基于高低轨结合的跨境不落地宽带通联信息流程为：语音、视频等数据通过可视低轨节点接入，经高低轨间星间链到高轨骨干网节点卫星，再通过高轨馈电链路回境落地，最终到达国内用户中心。

通过采用天地一体化信息网络提供移动通信服务和宽带接入服务，实现数据、视频等信息回传以及语音等通信保障，大力提升海外企业用户与国内通联能力，保障我国企业实体在海外的商业利益。

| 参考文献 |

[1] 应急管理信息化发展战略规划框架(2018-2022 年)[EB]. 2018.

[2] 王家胜. 苏联/俄罗斯数据中继卫星系统综述[J]. 航天器工程, 2012, 21(6): 1-6.

[3] 汪汇兵, 郑作亚, 欧阳斯达, 等. 天基中继传输在陆地遥感卫星影像获取中的应用分析[J]. 天地一体化信息网络, 2020, 1(2):103-108.

[4] 卢洋洋, 薛广月, 孙汉昌, 等. 基于天基物联网的集装箱多式联运综合信息服务平台设计[J]. 天地一体化信息网络, 2020, 1(2): 116-120.

[5] 胡桥, 郑作亚, 柳罡, 等. 基于地面信息港的灾害遥感应用服务初探[J]. 天地一体化信息网络, 2020, 1(2): 121-127.

[6] 罗斌, 陈俊杰, 崔凯. 基于天基网络的全球航班追踪系统设计及实现[J]. 天地一体化信息网络, 2020, 1(2): 128-134.

[7] 汪春霆, 翟立君, 李宁, 等. 关于天地一体化信息网络典型应用示范的思考[J]. 电信科学, 2017, 33(12): 36-41.

[8] 李玉辉, 黄宇, 王妮炜, 等. 新型海洋应用对天地一体化信息网络的需求探讨[J]. 天地一体化信息网络, 2020, 1(1): 90-95.

第 10 章

未来展望

本章从技术演进、应用生态和产业政策 3 个方面展望了天地一体化信息网络应用服务系统未来发展趋势。技术方面描述了通导遥融合和网云端趋势，应用方面从产业生态、运营模式、应用趋势 3 方面阐述了应用服务系统的应用生态情况，政策方面从国家层面和行业层面介绍了相关规划和政策。

|10.1 技术演进 |

随着新一代信息技术的迅猛发展，未来关系国家安全与发展、国计民生、大众生活的各行业对多维综合时空信息服务的需求日益旺盛，国家安全、环境监测、交通管理、教育医疗卫生、工农业、反恐、抗灾救险领域的战略信息服务将在天、空、地、海多维空间展开，任何单一维度的信息利用都无法满足全方位的需求。目前我国已经有几百颗在轨运行空间飞行器，覆盖了导航、通信、遥感、深空探测、载人航天等领域。随着我国空间信息网络服务需求的不断增加，建设通信、遥感、导航网等全面融合的天地一体化信息网络，并与地面互联网、移动通信网实现互联互通和互操作，将会引发前所未有的信息革命，将是提升我国信息服务能力的有效途径。

10.1.1 通导遥融合

1. 发展意义

（1）建设通导遥融合的天地一体化信息网络是保障我国战略安全的必要举措

当今，国家边疆的概念在战略上已经延伸到远海、深空、网络，国家领土、领海和领空的安全需要全球实时天基信息网络的支持。我国要保证战略安全，首先必须掌握战略制高点，即制信息权。兰德报告披露，美国已具备 2h 内完成全球打击的能力，并曾扬言在 2020 年年底提升到从发现目标到消灭只用 10s 的水平。这样的安全形势迫切需要我国建设完善的全球实时天地一体化通导遥融合网络。

（2）建设通导遥融合的天地一体化信息网络是保障我国海洋权益的战略选择

我国周边广大海域连续监视能力弱，海洋权益受到挑战。我国拥有 300 万平方千米的海洋专属经济区，由于海岸布站监测距离受限、海洋无法布站等原因，致使通信监测难以覆盖，亟须全球实时、智能融合泛在的天地一体化信息网络支持。

（3）建设通导遥融合的天地一体化信息网络是实现动目标全球实时跟踪、固定目标实时监测、保障国家安全的支撑手段

天基信息服务不及时，国家安全受到威胁。美国有秒级的空间网络和分钟级的处理服务，响应时间在 12min 之内。而我国目前是小时级的过境传输网络和小时级的处理服务，同时由于空间网的系统还未建成，我国发现敏感事件要几十个小时，发现境内敏感事件需要 10h，发现境外敏感事件需要 20h 甚至 30h，与美国相比差距巨大。要实现动目标的全球实时跟踪，以及对固定目标的实时监测，都需要通导遥融合的天基信息支持。

（4）建设通导遥融合的天地一体化信息网络是满足灾害应急救援快速响应需求的必然要求

2008 年汶川地震时，获取第一幅卫星影像花了 36h，到 2013 年芦山地震时，获取第一幅卫星影像时间已经缩短到 10h；但是 2015 年天津港爆炸时，获取第一幅卫星影像时间仍然花了 12h，损失了黄金救援时间；2017 年九寨沟地震时利用了无人机，获取图像缩短到 4h。但这还难以满足实时用户的需求。因此，建设通导遥融合的天地一体化信息网络已成必然。

2. 发展趋势

从国内外相关系统发展来看，天基信息系统通导遥多功能融合的发展趋势初见端倪。美国国家航空航天局在 2007 年提出了完整的综合空间通信体系结构（SCaN）构想，用以开发空间通信和导航的统一网络基础设施，提供用于月球和火星表面的空间通信和导航等服务；欧洲面向全球通信的一体化空间基础设施（ISICOM）构想，不仅把高轨、低轨、临近空间、地面的不同类型网络

节点融合成一个基于互联网协议（IP）、微波/激光混合的大容量通信网络，还要通过集成伽利略（Galileo）卫星导航系统、全球环境与安全监视卫星系统（GMES）以提供增值信息服务；Iridium Next 系统除实现星座全球组网外，还提供环境监测能力，不仅能为陆海空天各类用户提供移动通信、互联网接入服务，还能提供数据分发、定位导航授时（PNT）、航空航海应用（AIS、ADS-B）以及广域物联网等新型应用服务，具备在全球范围内提供 50m 位置精度和 100ns 授时的能力。

3. 融合架构

通导遥融合架构以天地一体化信息网络为基础，由天基骨干网、天基接入网、地基节点网构成覆盖天地的通信网络基础，通过天基的星间链路和地面的网络接口实现对各类通信网络的接入。天地一体化通导遥融合架构如图 10-1 所示。

通导一体：以北斗为核心的卫星导航系统，可通过星间链路接入一体化网络，借助天地一体化信息网络的覆盖能力完成导航信号的播发，实现导航信号的无缝覆盖。通过在低轨通信卫星搭载导航增强载荷，可实现导航增强信息的全球覆盖。更进一步，随着软件无线电技术的发展，未来利用通信频段实现测距和定时功能，可以辅助导航增强。在导航网络失效时，可以独立实现一定精度的定位导航能力。

通遥一体：遥感网络与高轨通信卫星的融合通过大带宽的星间链路实现，卫星获取遥感数据后，可通过天地一体化信息网络实现数据中继实时下传，提升遥感信息获取的时效性。在低轨融合上，低轨遥感卫星实现通信载荷的一体化集成，形成低成本的通遥融合卫星星座，实现近实时向地球表面手机设备发送数据，极大提升遥感获取时效性。通遥融合后，遥感卫星可执行多星协作观测任务，大大提升遥感卫星信息综合获取、覆盖能力和应用服务水平。

通导遥一体：通过天地一体化信息网络完成通导遥卫星网络与数据资源深度融合，可实现各类天基信息的实时服务，支持用户在任何时间、任何地点的精准信息获取、高精度定位授时与多媒体通信服务。通导遥卫星一体化融合发展涉及星基导航增强技术、天地一体化网络通信技术、多源成像数据在轨处理技术、天基信息智能终端服务技术、天基资源调度与网络安全技术、多载荷集成的一体化卫星平台、天地一体化的高精度地球参考框架和基础设施平台等关键技术研究。

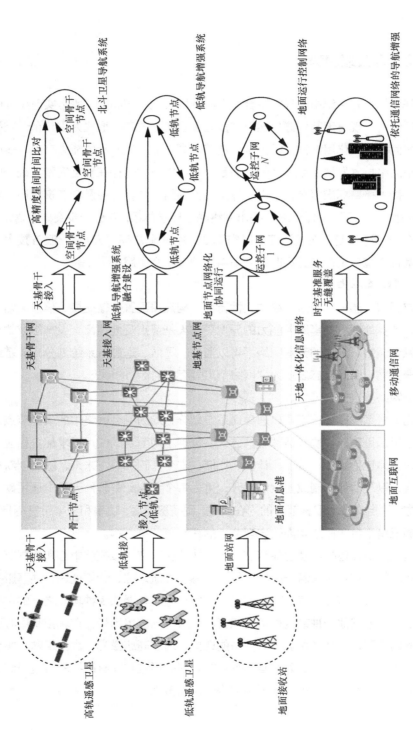

图 10-1 　天地一体化通导遥融合架构

10.1.2　网云端趋势

天基系统朝着系统组网异构融合、资源调度智能精细和信息服务实时精准的方向发展。然而，现有天基资源仍然以"多星多系统"的存在形式为主，单一类型的天基网络面向多元化用户需求提供全球覆盖、高可靠、低时延的能力有限。多网融合是天基网络技术发展的重要趋势，但是现有组网技术仍存在缺乏完整、统一的体系架构，接入接口标准繁杂，难以指导多类型网络一体化管控及泛在资源调度与服务，需要建立新的网络融合架构，提出网络融合标准体系，并进一步突破按需组织、能力组合的资源调度、在轨计算、时空基准、空间感知等"云+端"服务技术，推动泛网融合环境下全覆盖、高时效、高精准的天基资源服务。

1. 网络泛在化

提取通信、感知、导航网络的共性特征，构建由配置传输交换、信息感知、导航定位、计算处理、共享服务能力的异型异构天基节点及地面配套设施组成的天地一体化融合网络。未来的天基网络不再以通信、导航、遥感各系统划分，天基统一表述成一张网，空间形态表现为"网络节点+网络链接"的形态。

（1）网络节点

优化卫星系统设计，不再以通导遥系统划分，均为融合网络中的天基节点。天基节点采用通用功能模块按需部署的方式，根据不同节点的使用需求配置相应的功能模块，具体包括感知、传输、计算、存储、安全、管控等。未来，随着创新性技术的发展，以及器件研制成熟度的提升，可为每个节点配备软件无线电通用硬件平台，通过软件定义技术配置节点的内在属性，调整覆盖区、功率和频率带宽等指标，有效解耦卫星平台和网络功能，实现节点的在轨灵活可重构。

网络主要节点包括高轨功能节点、中低轨功能节点、域控制中心和控制节点。

高轨功能节点：包含若干配置通信、遥感、导航定位、计算处理、共享服务能力的异型异构天基节点，每个节点在具有通信、导航和遥感3种功能之一的主要职责基础上，兼顾其他一种或两种备用职责。针对不同应用场景，在域控制中心及控制节点的调度下，实现各功能节点的功能选择，通过高速激光、微波组网，实现网络的骨干传输、对地观测、时空基准等功能。同时通过与现有网络的对地观测类和导航类节点的星间互联，可实现天基网络的泛在覆盖。

中低轨功能节点：包含中低轨的载荷可重构卫星，支持通信、遥感、导航节点的融合设计，每个卫星节点可根据业务需要在轨硬件或软件重构功能模块；同时，通过域控制中心的调度管理，也可将各功能卫星空间组网，形成能力更优的卫星星座。

域控制中心和控制节点：负责天基网络的计算、调度、管理等任务。采用服务云的理念，域控制中心负责集中处理计算量高、任务量重的任务，并负责对网络多元化任务分解，完成集中式的管控工作，网络控制节点采用分布式的方式，协同域控制中心完成对卫星节点的管理控制。

（2）网络链接

网络链接是指各种星间、星地链路，链接将各种卫星节点连接成一张网络。通过激光、微波等链接方式，构建由天基骨干网、低轨接入网和地基节点网组成的天地一体化信息网络是当前解决通导遥设施融合的关键。其中，由高轨卫星组成的天基骨干网，通过激光以及各种频段的微波链路实现对低轨卫星以及地面的全覆盖，保证整个网络的连通。低轨接入网，与高轨卫星、低轨天基用户和地面用户形成通信链路，可实现各类通信、导航、遥感信息的接入，并完成大容量的数据传输。地基节点网由遍布全国的地面站和地面信息港组成，具备与地面互联网与移动通信网的连接能力，可完成各类天基数据的实时接收和快速分发，保证用户快速获取准确的天基信息。

2. 智能云服务

为满足未来众多指挥系统、传感器、武器平台之间信息共享、任务协同等需求，综合利用分布在不同节点的各类资源，构建集网络传输、信息存储、分布计算、自主决策于一体的智能化云服务环境，为未来智能天基应用于提供网络与信息服务保障；通过网络内部各类资源的联合调度和管理控制实现网络的智能自主运行。在逻辑功能方面，运用云化理念和技术，将传输、感知、导航、计算、存储等网络资源作为可编排、配置、组合的服务，通过资源的联合调度和管理控制使用网络智能自主运行，按需实现感知、传输与导航云服务。

（1）天基感知云服务

基于统一时空基准和联合任务规划，利用分布于天/空/地等节点的感知资源开展多维度协同智能探测，形成全域全时覆盖的跨域智能化感知信息网络，提供分层多级感知网络快速智能构建和体系性能聚合增强能力，实现复杂背景下各类目标的持续侦察监视。同时，依托天基、地面信息节点的计算存储资源，开展异构海量信号/信息级数据联合处理与智能融合，对不同节点在不同时空获取的大数据进行智能深度融合，形成实时、准确的统一态势。

（2）天基传输云服务

利用天基网络动态规划、网络资源在线分配等技术，快速响应用户在任意时间、任意地点的动态入网与信息传输需求，实现用户自主接入网络，提升移动节点的可靠接入能力。采用激光、微波、量子等手段，实现各类用户业务数据的交换和传输，实现多体制链路的接入、信息处理与转发以及天基各类系统间的互联互通。基于网络抗干扰设计、干扰智能检测与消减、网络自主重构等方法，确保复杂电磁环境、强对抗条件下的抗干扰、抗毁伤、抗截获及最低限度保底通信能力。

（3）时空基准云服务

基于统一的时空基准，为全球范围内的陆海空天各类目标，提供综合导航定位服务，并逐步实现对地月系和深空范围的用户导航服务覆盖。综合利用不同位置网络节点的导航信息增强手段，实现对服务区域特定用户的导航定位精度、完好性及服务范围的增强。协同运用天基无线电导航、天文导航、自主导航等多种技术手段，满足不同用户对导航定位服务抗干扰、完好性和区域自组织定位等方面的需求。基于统一时间基准和星间网络，实现星间双向高精度时间对比，同时向用户提供天基共视授时高精度服务。

3. 应用端融合

应用终端系统是天地一体化通导遥融合网络的重要组成部分，也是天基网络信息体系的末端应用节点和服务节点，是提供天基通信、导航、遥感及融合服务的关键所在。通过应用终端系统，为军队、政府、企业、个人提供不同层级、不同维度、不同形态的天基网络信息应用服务。

未来通信导航遥感终端将会有效集成，研发多模通信、多模导航、多源数据采集、遥感应用、地理信息的"互联网+"云服务空间信息综合应用终端，实现终端通信、导航、遥感数据的统一应用和服务，对于促进我国空间信息资源的融合式发展，加快空间数据应用的推广与产业化具有重要意义，而且可以有效促进国家信息基础设施的一体化、智慧化演进，为国家空间信息资源安全可控地服务于经济建设、社会发展以及国防建设提供有力保障。

移动数据采集与应用综合终端是集导航、地理信息、移动通信等多种技术于一体的系统，利用移动设备实现数据获取功能，通过地理信息完成空间数据管理和分析，利用导航进行定位和跟踪，借助移动通信技术完成影像、文字等数据的传输。

移动数据采集与应用综合终端技术采用"云+端"的设计思路，利用物联网、智能终端相结合的优势，实现多种场景下通导遥数据的快速采集，极大扩展了数据获取和综合应用的范围。

|10.2　应用生态|

近年来，随着低轨卫星系统技术能力逐步完善，国外卫星互联网组网计划加速实施，国内相关星座计划开始起步，全球卫星互联网产业规模稳步增长，上下游产业链日渐成熟，但卫星互联网整体处于初步兴起阶段。天地一体化信息网络产业的健康发展离不开良好的网络运营和应用服务，通过打造产业生态环境，实现与地面互联网和移动通信网融合发展和创新协同是未来天地一体化信息网络的重要发展趋势。

10.2.1　产业生态

卫星互联网产业链主要包括上游卫星制造、卫星发射服务，中游卫星管控、卫星运营、地面设备制造，下游政府用户、行业用户和个人用户，卫星互联网产业链如图 10-2 所示。

（1）卫星制造环节包括星上电子元器件、卫星平台、卫星载荷以及卫星总装、设计和测控。其中，卫星平台包括结构子系统、星务子系统、推进子系统、测控子系统、热控制系统和电源子系统等。卫星载荷包括移动通信载荷、宽带通信载荷、星间链路载荷、天基物联载荷等。

（2）卫星发射环节包括运载火箭研制和火箭发射服务。

（3）卫星管控环节包括平台管控和业务管控。卫星管控处于产业链上游与中游交界处，对于平台的管控属于上游产业，面向载荷的业务管控属于中游产业。目前，出现了平台与业务一体化管控的发展趋势。

（4）地面设备制造环节包括地面运维系统、应用网络和终端设备。其中，地面运维系统包括天线系统、发射系统、接收系统、信道终端系统、控制子系统和卫星运控中心。应用网络包括电信综合信息港、数据中心、地面传输网络、区域云资源池和边缘计算节点等。终端设备包括芯片及相关器件、卫星地面固定站、卫星移动终端、卫星无线电设备和卫星物联网终端等。

产业链上游

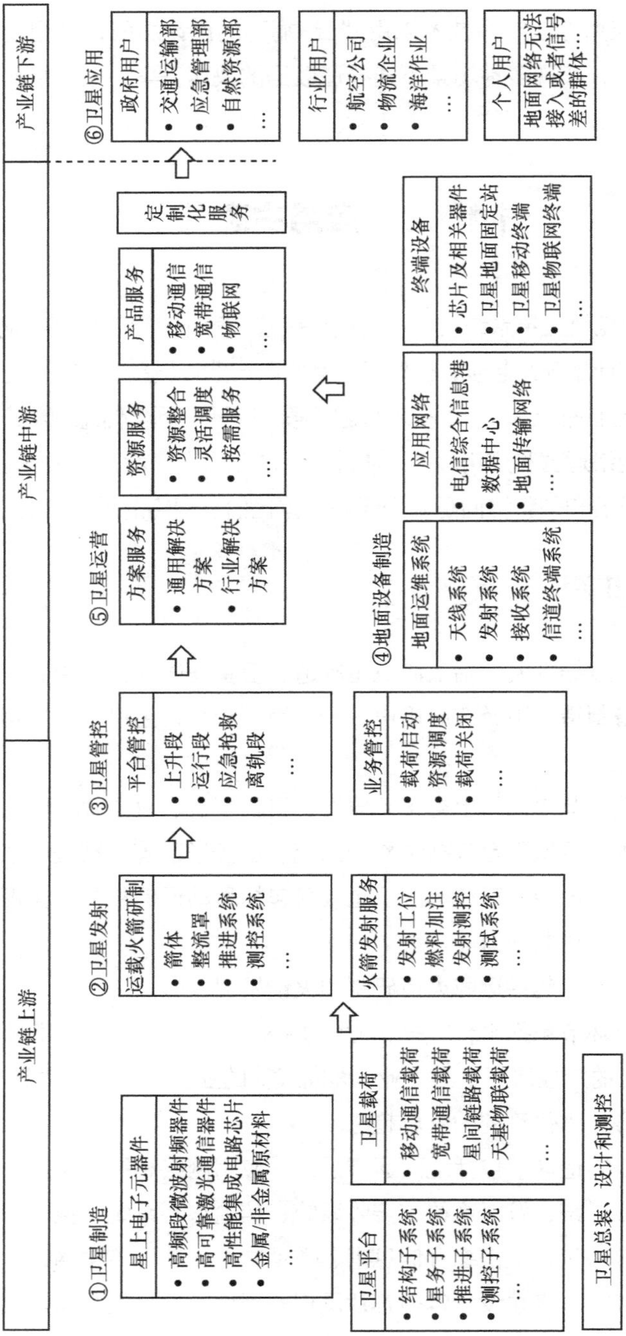

① 卫星制造

卫星总装、设计和测控

卫星平台
- 结构子系统
- 星务子系统
- 推进子系统
- 测控子系统
- ……

卫星载荷
- 移动通信载荷
- 宽带通信载荷
- 星间链路载荷
- 天基物联载荷
- ……

星上电子元器件
- 高频段微波射频器件
- 高可靠激光通信器件
- 高性能集成电路芯片
- 金属/非金属原材料

② 卫星发射

火箭发射服务
- 发射工位
- 燃料加注
- 发射测控
- 测试测控系统
- ……

运载火箭研制
- 箭体
- 整流罩
- 推进系统
- 测控系统
- ……

③ 卫星管控

业务管控
- 载荷启动
- 资源调度
- 载荷关闭
- ……

平台管控
- 上升段
- 运行段
- 应急抢救
- 离轨段

产业链中游

④ 地面设备制造

应用网络
- 电信综合信息港
- 数据中心
- 地面传输网络
- ……

地面运维系统
- 天线系统
- 发射系统
- 接收系统
- 信道终端系统

终端设备
- 芯片及相关器件
- 卫星地面固定站
- 卫星移动终端
- 卫星物联网终端

⑤ 卫星运营

产品服务
- 移动通信
- 宽带通信
- 物联网
- ……

定制化服务

资源服务
- 资源整合
- 灵活调度
- 按需服务
- ……

方案服务
- 通用解决方案
- 行业解决方案

产业链下游

⑥ 卫星应用

个人用户
- 地面网络无法接入或者信号差的群体……

行业用户
- 航空公司
- 物流企业
- 海洋作业
- ……

政府用户
- 交通运输部
- 应急管理部
- 自然资源部
- ……

图 10-2　产业生态示意图

（5）卫星运营环节包括方案服务、资源服务、产品服务和定制化服务。其中，产品服务包括移动通信服务、宽带通信服务、云计算产品、物联网服务、中继服务、数据产品；方案服务包括通用解决方案和行业解决方案。

上述卫星互联网产业链 5 个环节中，卫星运营服务是上下游产业链向高质量和高价值发展的重要牵引力。而应用拓展情况决定卫星运营市场空间，亦是未来卫星互联网产业良性发展的保障。挖掘更多应用场景，并针对该场景提供增值服务，增强企业竞争力，成为未来卫星运营商的工作重点。单纯的卫星运营向"运营+服务"过渡，提供有针对性的增值服务，将成为未来卫星互联网发展不可逆的趋势。

10.2.2　运营模式

基于卫星移动通信、宽带接入、天基物联、网信服务等基础业务，天地一体化信息网络与地面通信网络、物联网、云计算相互赋能和融合，协同产业链上下游企业，共同打造新型信息基础设施，服务政府、行业和个人客户。

1. 融合模式

卫星移动通信与地面移动通信互联互通，利用卫星网络以提供回程服务、基站拉远等方式作为地面移动通信网络的补充。卫星移动通信运营模式如图 10-3 所示。

图 10-3　卫星移动通信运营模式

宽带接入面向接入、边缘、汇聚和核心各层多接入边缘计算（Multi-access Edge Computing，MEC）服务器进行内容分发，从而提升网络效率。MEC 的内容缓存功能可提前将视频等业务资源存至各层云平台，用户有需求时可高速拉取资源，相对于地面骨干网络"存储–转发"模式，天基宽带使得 5G 的网络分发功能实现资源的"一步到位"。天基宽带运营模式如图 10-4 所示。

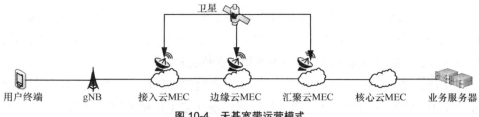

图 10-4　天基宽带运营模式

　　天基物联网应围绕物联网云平台，打造物联网终端、物联网通信系统和行业应用的商业闭环。天基物联网运营模式如图 10-5 所示。

图 10-5　天基物联网运营模式

2. 协同模式

　　依托地面信息港的云计算、大数据和人工智能等技术优势，与遥感、气象等领域企事业用户开展合作，引入上述领域产业链上游的技术服务、模型训练、数据源等第三方合作伙伴入驻，共建遥感、气象等应用生态。面向政府、企业和个人用户提供在线用图、接入服务、增值产品等服务，构建遥感数据、气象数据等云服务的模式。综合网信服务运营模式如图 10-6 所示。

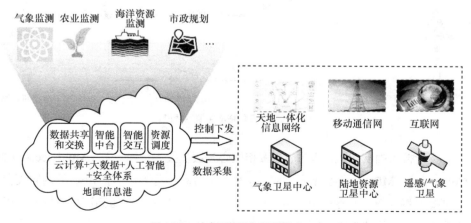

图 10-6　综合网信服务运营模式

10.2.3　应用趋势

未来，按照"天上卫星好用，地上服务用好"的要求，在基于天地一体化信息网络的应用中，如何优化投入与产出的比例，如何发挥多渠道协同的合力，提高应用运营的质量显得非常关键。

1. 优化投入产出比，提高应用运营质量

投入产出比指在特定周期内，投入经费与运营收入之间的比值。投入产出比值越高，表明该业务市场运营效益越好，其再投入与长期发展运行的可行性也越强。投入产出比公式如下所示。

$$投入产出比_T = \frac{\sum_{i=1}^{n} R_i}{\sum_{k=1}^{n} I_k}$$

其中，周期 T 应按照系统研制、发射部署、在轨运行的全过程全寿命计算；周期 T 内，投入成本 I_k 应包括具体业务的研发（I_1）、生产（I_2）、部署（I_3）、运行维护（I_4）、市场运营（I_5）等各个流程投入成本的总和，涉及卫星平台、运载发射、测控运控等公共部分应给予加权分摊；周期 T 内，产出 R_i 应包括天基物联（R_1）、天基中继（R_2）、卫星移动通信（R_3）、宽带接入（R_4）等业务收入的总和，产出 R 应在未来市场进行客观研究分析的基础上进行科学预测，技术能力、发展阶段、卫星平台以及运营模式的差异化会导致各业务的投入产出比结果可能存在较大差别。

2. 多渠道协同用力，提高应用运营质量

一是在需求方面，聚焦用户，深耕需求，夯实卫星网络市场基础；二是在服务方面，细分资源，优化服务，构建丰富的业务服务供给侧；三是在制造方面，面向转型，降本提效，打造适宜产业化发展的制造链生态。体现在需求、政策、资源、服务、成本、基础 6 个要素。

（1）需求方面，以用户为中心，卫星通信以及信息产业协同开展行业应用研究，研发应用场景，创新应用模式，拓展应用市场基础。

（2）政策方面，政府管理部门鼓励创新与规范发展并行，政策引导与依法管理并举，为新产业、新业态培育成长营造良好政策环境。行业相关领域创新商业模式，给予优先扶植与支持措施，降低全产业整体运营成本，做大应用市场。

（3）资源方面，开展星地间、卫星星座间的资源协同，尤其要大力开展空间资

源的合作与融合，提升卫星通信的整体服务资源保障能力。需重点解决体制、资源、终端兼容等技术难题以及跨星座运营难题。

（4）服务方面，卫星通信网络与地面网络融合发展，必须不断提升自身能力，力争在网络 QoS 方面形成与地面网络趋于同质的能力，与地面网络相当的低时延、高速率、用户接入能力和业务体验。

（5）成本方面，尽量降低用户侧的使用成本，除降低资源费率外，还需要优先突破用户终端的低成本制造难题。形成包含集成测试、低成本天线、自主产业化芯片、新材料新工艺四层级产业链的低成本制造。

（6）基础方面，要产业融合，跨界融合，将底层资源服务与上层行业服务绑定融合，扭转传统通信卫星投入产出比低的不利局面。

|10.3 产业政策|

为引领经济发展新常态，增强发展新动力，以信息化驱动现代化，建设网络强国，国家在空间基础设施建设、资源配置、应用服务等多方面出台相关政策，积极鼓励卫星网络产业链的发展。

10.3.1 国家层面

在国家层面，从国家经济和社会发展规划、国家信息发展战略、基础设施建设规划等方面出台了网络建设政策，通过重大项目、科技研究、产业化等多维度推动信息网络的建设和应用。

《中华人民共和国国民经济和社会发展第十四个五年规划和 2035 年远景目标纲要》提出，打造全球覆盖、高效运行的通信、导航、遥感空间基础设施体系。《关于构建更加完善的要素市场化配置体制机制的意见》提出"推进政府数据开放共享，提升社会数据资源价值，加强数据资源整合和安全保护……"。《国家民用空间基础设施中长期发展规划（2015—2025 年）》提出要分阶段逐步建成技术先进、自主可控、布局合理、全球覆盖，由卫星遥感、卫星通信广播、卫星导航定位三大系统构成的国家民用空间基础设施。党中央、国务院 2020 年 3 月 4 日中央政治局常务委员会会议提出"要加大公共卫生服务、应急物资保障领域投入，加快 5G 网络、数据中心等新型基础设施建设进度"。《加快新型基础设施建设》将卫星互联网列入新型基础设施的范围；《国家信息发展战略纲要》提出加快构建陆地、海洋、天空、太空立体覆盖的国家信息基础设施，不断完善普遍服务。围绕通信、导航、遥感等应用卫星领域，建立持续稳定、安全可控的国家空间基础设施，建设天地一体化信息网络，推动空间与地面设施互联互通。《关于实施新兴产业重大工程包信息消费工程空间技术应用专项的通知》通过专项实施，推进卫星遥感技术、卫星通信技术、卫星导航技术的综合应用以及空间技术与其他技术的融合应用，发挥我国民用空间基础设施辐射带动作用，推动卫星应用产业自主创新发展和市场化、规模化、国际化发展。

通过政策支持和执行，最终将由位于不同轨道的多颗卫星、地面信关站、测控站构成天基网络基础设施，以及由地面移动基站、Wi-Fi、热点、光纤网络等构成地基网络基础设施，通过一体化融合设计实现多维立体信息网络。基于卫星通信系统构建的卫星互联网资源，与地面通信网络具有很强的互补性，尤其体现在广域覆盖、高速移动、抗灾抗毁性强、网络快速开通等多个方面，可为天、空、地、海不同应用场景的用户提供全球泛在通信服务，解决我国目前面临的"全球覆盖难、信息不兼容、服务响应慢、安全有隐患"的困境。

10.3.2 行业层面

为做好行业发展新常态，各部门以信息化为驱动，纷纷出台基础设施、行业应用等政策，为未来卫星互联网的应用提供政策保障。如北斗卫星导航系统、天眼工程、自然资源部启动的实景三维中国，交通运输部关于推动交通运输领域新型基础设施建设的指导意见，农业农村部《数字农业农村发展规划（2019—2025 年）》，工业和信息化部《车联网（智能网联汽车）产业发展行动计划》等。政策的支持为未来天地一体化信息网络在交通、农业、物流和医疗等领域开展时空信息服务奠定了基础。

本书编写之际，正是"十四五"开端之际，许多新的规划还在筹划之中，相信陆续会有更多鼓励卫星网络建设、网络运营、信息服务的相关政策出台，从而推动卫星网络信息技术和产业发展。未来在新技术、新政策的支持下，天地一体化信息网络通过网络建设和应用将全面融合天基与地面网络，逐步打造适合我国国情的卫星通信网络，实现全球覆盖、高低轨协同、星间组网、规模适度、体系开放的空天地海纵向空间的全域联网，实现人、物、平台、环境甚至数据的按需联网的全球覆盖、随遇接入、按需服务、安全可信的天地一体化信息网络，形成与我国新时代战略需求相适应的网络信息服务能力，全面支撑国家治理体系和治理能力现代化，为实现中华民族伟大复兴的中国梦而助力。

| 参考文献 |

[1] 李博. 第二代铱星(Iridium Next)[J]. 卫星应用, 2017(9).

[2] 柳罡, 陆洲, 周彬, 等. 天基物联网发展设想[J]. 中国电子科学研究院学报, 2015(6).

[3] 陆洲. 天地一体化信息网络总体架构设想[C]//第十二届卫星通信学术年会论文集, 2016: 11.

[4] 梅强, 史楠, 李彦骁, 等. 天地一体化信息网络应用运营发展研究[J]. 天地一体化信息网络, 2020, 1(2): 95-102.

[5] 汪春霆, 翟立君, 徐晓帆. 天地一体化信息网络发展与展望[J]. 无线电通信技术, 2020, 46(5): 493-504.

[6] 吴巍. 天地一体化信息网络发展综述[J]. 天地一体化信息网络, 2020, 1(1): 91-16.

[7] 中华人民共和国国民经济和社会发展第十四个五年规划和 2035 年远景目标的纲要[EB]. 2021.

[8] 国家信息化发展战略纲要[EB]. 2021.

[9] 国家民用空间基础设施中长期发展规划(2015−2025 年)[EB]. 2015.

[10] 梅强, 史楠, 李彦骁, 等. 天地一体化信息网络应用运营发展研究[J]. 天地一体化信息网络, 2020, 1(2): 12.

[11] 郑作亚, 薛庆浩, 仇林遥, 等. 基于网络信息体系思维的天地一体通导遥融合应用探讨[J]. 中国电子科学研究院学报, 2020, 15(8): 709-714.